KB104500

중년에 떠나는 첫 번째 배낭여행

누구나 쉽게 떠나는 배낭여행 안내서

중년에 떠나는 첫 번째 배낭여행

소율 글, 사진

지유문고

프롤로그

첫 번째 배낭을 메고 싶은 중년에게

첫 여행을 준비하던 때가 떠오른다. 짝사랑을 하는 사춘기 소녀처럼 '여행'이라는 낱말이 온통 머릿속에 둥둥 떠다녔다. 목마른 자가 우물 찾듯 날마다 인터넷 여행카페를 드나들며 후기를 읽었다. '아, 이이는 이렇게 준비했구나, 저이는 저렇게 다녔구나.' 먼저 떠나본 이들의 흔적을 따라가다 보니 나도 할 수 있겠다는 자신이 생겼다. 이때 나이, 마흔이었다. 그렇게 시작해서 올해 쉰하나, 12년째 여행자라는 또 하나의 신분으로 살고 있다.

그러는 동안 주변을 둘러보니 나처럼 중년이라 불리는, 인생의 절반쯤을 살아온 사람들이 새롭게 여행에 눈을 뜨고 있었다. 가이드 꽁무니를 따라다니는 패키지여행 말고, 자신만의 자유로운 여행을 만들고자 하는 욕구가 넘쳐난다. 이전에는 주로 20대나 30대들이 자유여행을 즐겼다면 이제는 나이의 장벽이 거의 없어졌다. 윗세대의 중년이 '위기'라는 꼬리표를 달고 인생의 내리막길로 접어드는 이미지였다면, 지금 100세 시대의 중년은 더욱 성장할 수 있는 인생의 전환기를 맞고 있다. 우리에게는 아직도 원하는 걸 시도할 시간과 여력이 충분히 남아 있다. 그러나 마음과는 다르게 선뜻 첫발을 내딛기가 쉽지는 않다. '배낭여행, 자유여행을 하기에는 조금 늦지 않았나? 내가 과연 할 수 있을까? 무엇부터 시작해야 할지 도통 모르겠다!' 이런 생각들이 발목을 잡는다. 그분들에게 드리고 싶은 말이 있다.

"Anyone can travel."

여행은 특별한 사람들에게만 주어지는 권리가 아니다. 누구나 여행을 할 수 있다. '하고 싶다'는 마음만 있다면 이미 준비는 완료된 거나 다름없다. 거기에 조금의 양념만 보태면 완벽하다. 당신의 발목을 놓아줄 아주 작은 용기 한 줌과 약간의 방법, 그것만 있으면 된다.

이르지도 않지만 늦지도 않은, 중년의 나이에 배낭여행, 자유여행의 첫걸음마를 떼고자 할 때, 먼저 출발한 사람이 손을 잡아준다면 어떨까? 부족한 용기를 북돋아주고 여행준비의 기초를 차근차근 알려준다면 누구라도 쉽게 여행을 떠날 수 있지 않을까? 여행자로 살아온 시간을 돌아보니 내가 그런 사람이 되어줄 수 있을 것 같았다. 초심자의 설렘과 두려움과 뻘짓을 고스란히 겪어 보았고, 그걸 바탕으로 훨씬 단단해졌기 때문이다. 맨땅에 헤딩이 겁나는 분들을 위해 손을 내어드리고 싶었다. 그런 마음으로 이 책을 쓰게 되었다.

이 책은 모두 네 부분으로 이루어져 있다.

먼저 1장에서는 소율의 여행 스토리와 함께 인생 스토리를 털어놓았다. 평범한 듯 평범하지 않은 듯 살아온 이야기를 통해 '나도 할 수 있겠다'는 용기가 팍팍 전해지길 바란다.

2장에서는 동행, 장소, 루트, 숙소, 항공, 짐 싸기 등 구체적인 여행준비법을 다룬다.

3장에서는 여행계획서 만들기, 여행경비, 여행영어, 안전대책 등 쓸모 있는 여행의 기술에 대해 소개한다.

마지막으로 4장에서는 직접 여행에 뛰어들었을 때 만나게 되는 문제들과 여행에서 돌아온 뒤 여행을 정리하는 방법을 이야기한다.

초보 여행자인 혹은 이제 막 초보 여행자가 되려는 중년이라면 누구라도 편안하게 자유여행을 준비하고 즐길 수 있도록 구성했다. 이 책은 단순히 정보만을 나열하지 않는다. 만 11년 동안 몸으로 직접 부딪친 경험에서 우러난, 현실적이고 실질적인 조언을 담았다. 책 속에 등장하는 여러 가지 사례는 그동안 여행하면서 겪은 에피소드와 내가 진행하는 여행강좌의 수강생들 또는 지인들의 경험을 모아 엮은 것이다. 여행길에서 만나 눈빛을 주고받은 모든 분들과, 기꺼이 귀한 경험을 내어주신 분들께 감사를 드린다.

무엇보다 독자들이 이 책을 재미있게 읽었으면 좋겠다. 더불어 무거운 엉덩이를 뻥 차줄 기분 좋은 발길질이 된다면 더욱 좋겠다. 끝으로 당부하고 싶은 말은, 이것저것 재지 말고 일단 한 번 해보라는 것!

"Just try it!"

2018년 2월

소율

1장

아직 늦지 않았다 자유여행

네팔 포카라

여행 스토리 혹은 인생 스토리

처음 여행을 꿈꾸었을 때

스물아홉 살 여름, '여행'이란 단어는 내게 충격으로 다가왔다.

그때 처음 한비야의 여행기를 읽었다. 『바람의 딸 걸어서 지구 세 바퀴 반』 시리즈. 모험으로 가득한 에피소드보다 더 나를 뒤흔든 건 "아, 이렇게도 살 수 있는 거였어!"라는 발견이었다. 학교를 다니고 직장생활을 하다가 결혼을 하고 아이를 낳아 키우는 비슷비슷한 삶의 방식과는 다른, 자기만의 길을 걸어갈 수 있다는 것. 그 방법이 여행일 수 있다는 것. 누군가는 이미 그렇게 살고 있다는 것…….

번개와도 같은 충격은 가슴속에 불씨 하나를 만들어냈다. 누군가 했다면 나 역시 할 수 있지 않을까? 언젠간 나도 그렇게 살 수 있지 않을까? 그런데 무언가 꼬물꼬물하고 부드러운 것이 발목에 매달렸다. 나는 얼른 말캉한 그것을 품에 안았다. 당시 1996년 8월, 칠개월 된 아들을 둔 엄마이자 결혼한 지 일 년이 조금 지난 새댁, 그녀가 나였다.

가슴속에 조그만 불씨 하나가 생겼다고 해서 곧바로 인생이 달라지지는 않았다. 평범하게 아이를 키우며 사는 삶이라는 것도 결코 만만하지는 않았으니까. 사실 '평범하게'를 유지하는 게 어디 보통 일인가.

뽈뽈 기어 다니던 아들이 두 돌이 되자 나는 다시 직장생활을 시도했다. 하지만 육아와 살림, 회사생활까지 1인3역을 하기에는 터무니없이 역부족이었다. 육아와 살림에 관심이 없는 남편을 변화시키는 건 불가능에 가까웠고, 친정이고 시댁이고 아무도 도와줄 사람이 없었다. 전쟁 같은 몇 개월을 보낸 뒤 결론을 내렸다. '직장을 그만두겠어!' 결혼 전에는 단 한 번도 전업주부가 되리라 생각해 본 적이 없었다. 그러고 보면 인생은 늘 계획을 벗어나는 일투성이다. 남들처럼 지지고 볶고 울고 웃으며 사는 동안 아이는 씩씩하게 자랐고 나도 착실히 나이를 먹어갔다. 그러는 사이 그토록 강렬했던 스물아홉 때의 충격도 다 잊혀져갔다.

다 잊은 줄 알았다. 그런데 '날카로운 첫 키스의 추억'처럼 사라져 버린 '여행'이란 단어가 다시 찾아왔다. 마흔이었다. 사는 게 답답했고 무언가 돌파구가 필요했다. 그 열망은 꺼진 줄만 알았던 불씨를 되살려냈다. 여행, 다시는 그 귀한 불씨를 꺼트리고 싶지 않았다. 나는 참새 방앗간처럼 인터넷 여행 카페를 드나들었다. 사람들이 준비했던 과정과 여행 후기를 살펴보니 그리 어려워 보이지 않았다. '저 정도라면 나도 충분히 할 수 있겠다'는 생각이 들었다.

2007년, 아이는 열두 살, 내 발목 대신 손을 잡아줄 나이였다. 2월 겨울방학에 아이와 둘이서 하는 2주 정도의 태국여행을 계획했다. 생애 첫 해외여행이다. 그러나 곧 남편의 반대에 부딪혔다. 한 번도 외국에 나가본 적 없는 아내와 아들이 걱정되어 둘만 보낼 수는 없다는 거였다. 다시 남편을 포함해 세 식구가 같이 가는 걸로 계획이 수정되었다. 남편의 일정에 맞추다 보니 2주일이 5일로 줄어들었다. 그것도 3박5일. 애초에 아들과 둘만의 여행을 계획한 이유가 바로 이것이었다. 당시 빼도 박도 못하는 직장인 남편과 함께 가려면 길어야 삼사일. 요즘처럼 마음대로 휴가를 쓸 수 없는 시절이었다. 여행에 관한 한 처음부터 통이 컸던 나는 고작 삼사일의 여행이 마뜩치 않았던 것이다.

어쩔 수 없는 일. 처음이니까 욕심을 줄이자 생각하고 여행 준비에 들어갔다. 여행 카페를 참조해서 비행기 표와 숙소를 예약

가족의 첫 해외여행이었던 태국

하고 일정을 짰다. 예상대로 여행은 순조로웠고 나는 자신감을 얻었다. 남편은 아내가 첫 여행을 무사히 해내는 걸 보자 완전히 마음을 놓았다. 여행 마지막 날 남편은 이렇게 말했다. “다음부턴 둘만 가도 되겠다.” 당연하지.

아들과 둘이서 세계여행

그날 돌아오는 비행기에서부터 나는 다음 여행 계획을 짰다. 육 개월 뒤 여름방학. 아이와 둘이서 3주 동안 태국, 라오스, 캄보디아를 돌았다. 이때는 각자 자기 배낭을 메고 본격적인 배낭여행에 돌입했다. 12년 동안 짊어진 주부 자리 대신 배낭을 짊어지고 자유롭게 날아다니는 시간은 너무나 달콤했다. 초등 5학년인 아들은 불평 없이 잘 먹고 잘 자고 잘 걸었다. 이 녀석, 엄마의 여행 유전자를 물려받은 게 틀림없어. 그만하면 최고의 여행파트너였다. 자신감이 하늘까지 올라간 나는 이제 어디라도 갈 수 있을 것 같았다.

돌아오는 비행기에서 다시 새로운 계획이 떠올랐다. ‘그래, 앞으로 일 년에 한 달씩 여행을 다니자. 그렇게 오대양 육대주를 모두 밟아보는 거야!’ 아내, 엄마, 며느리 외에 여행자라는 신분을 얻고 나니 사는 게 열 배쯤은 신이 났다.

그러던 어느 날 세계 일주를 하는 사람들이 눈에 띄기 시작했

폴란드 바르샤바 구시가지 인어상

다. 어릴 적 읽었던 『80일간의 세계일주』 말고, 진짜로 세계 일주를 하는 사람들이 있었다! 그저 막연한 꿈이 아니라 실제로 1년, 2년씩 지구를 한 바퀴 도는 여행. 생각보다 많은 사람들이 그걸 하고 있었다. 옳거니, 해마다 한 달씩 다닐 거면 아예 일 년을 몰아서 다녀보자, 안 될 건 뭐야? 이미 여행 맛을 알아버린 아들도 대찬성이었다.

그로부터 만 3년 뒤인 2011년, 우리는 세계여행의 첫 목적지, 아프리카로 떠났다. 이렇게 말하면 마치 "왕자와 공주는 결혼해서 행복하게 살았답니다~." 하고 끝나는 동화의 해피엔딩처럼 들린다.

"세상에, 가는 사람도 대단하지만 보내주는 남편이 더 멋지네요!"

모든 사람이 그렇게 말했지만 현실은 그리 아름답지 않았다. 여행을 떠나는 날 나는 착잡하고 괴로웠다. 우리의 멋진 여행 계획과는 별도로, 나와 남편의 관계는 항상 평행선이었다. 그는 효자노릇, 호인노릇에 충실했지만 내게는 '내 편' 아닌 '남의 편' 같았다. 남편은 여행을 반대했고 떠나려는 나를 이해하지 못했다. 드디어 출발 3개월 전 남아공 행 비행기 표를 예약하자 마침내 그는 이 여행을 받아들였다.

나는 떠나지 않으면 견딜 수 없을 만큼 사는 게 답답했다. 그렇

아프리카 말라위 수도 릴롱궤 근처 마을

다고 불량주부였냐 하면 오히려 그 반대였다. 너무도 살뜰하게 살림을 하고 최선을 다해 아이를 키웠다. 그런데도 이상하게 살면 살수록 내 인생의 주연이 아니라 조연으로 존재하는 것 같았다. 늘 가슴속에 찬바람이 휘몰아쳤다. 일단 이 현실에서 탈출하고 싶었다. 그리고 달라지고 싶었다. 그것도 180도로 완전히!

내 뒤에서 사람들은 팔자가 좋아서 세계여행씩이나 간다고들 수군거렸지만, 사실 팔자가 그리 좋았다면 굳이 안락한 집을 떠나고 싶지는 않았을 게다. 여행은 팔자 좋은 사람들이 아니라 팔자 궂은 사람들이 떠난다. 더 이상 참을 수 없을 지경이 되어서야.

처음에 우리는 기세 좋게 일 년간의 세계 일주를 계획했다. 여

미얀마 바간 유적지

행을 위해 아들은 학교를 중단해야 했고, 최대로 낼 수 있는 시간은 일 년이었다. 준비를 하다 보니 길어 보이는 일 년이 그리 넉넉한 시간이 아님을 알게 되었다. 일 년 동안 전 세계를 돌려면 굉장히 바쁘게 움직여야 했다. 하지만 나는 천천히 여유롭게 다니는 여행을 원했다. 우리가 가진 경비 역시 세계 일주를 하기에는 턱없이 부족했다. 여행 경비는 내가 3년 동안 악착같이 생활비를 아껴 모은 적금이었다. 다른 세계 일주 여행자의 딱 절반 금액이다. 그걸로 둘이서 6개월을 버틸지 7개월을 버틸지 알 수 없었다. 때문에 무조건 아끼고 아껴야 하는 짠돌이 여행일 수밖에 없었다.

하여 계획은 수정되었다. 지구 한 바퀴를 다 돌기는 못하겠고 남아공에서 이집트까지 아프리카를 종단하기, 그 다음은 중동을 거쳐 아시아를 돌기. 대략 '세계 반주'라고나 할까. 사실 '돈 떨어질 때까지 최대한 다녀보자'라는 게 최종 계획이었다. 돌아오는 날짜는 정하지 않았고 돌아오는 비행기 표 또한 가지고 있지 않았다.

동남아시아밖에 안 가본 배낭여행 초보가 아프리카를, 그것도 순전히 육로로 이동하는 고난이도의 여행을 하자니 고생이 말도 못했다. 덕분에 단박에 배낭여행 능력이 수직상승했지만 말이다. 우리는 남아공, 스와질란드, 짐바브웨, 잠비아, 말라위, 탄자니아까지, 그 다음엔 태국으로 건너가 네팔과 미얀마를 다녀왔고 폴란드에서 여행이 끝났다.

원래는 폴란드에서 시작해 동유럽 지역을 아래로 쭉 내려가는 일정이었는데 늘 그렇듯, 여행도 인생도 계획대로 굴러가는 것이 아닌지라, 느닷없이 집안에 큰일이 생겨 돌아오게 되었다. 형부가 돌아가신 것이다. 결국 총 163일, 4월에 출발해 9월에 돌아왔으니 약 6개월에 걸친 세계여행이었다. 이때가 내 나이 마흔 넷, 아들은 열여섯이었다.

불행과 행운

갑작스런 형부의 죽음과 함께 예정에 없던 여행 중단은 아이와 나를 무척이나 힘들게 했다. 애초에 꽃가마를 타고 나온 여행이 아니지 않는가. 얼마나 어렵게 나온 여행인데 이렇게 끝나야 하다니. 사실 폴란드에서 우리의 여행은 절정이었다. 한창 여행의 깊은 맛을 누리던 시간이었다. 당연히 아직 돌아가고 싶은 마음은 눈곱만큼도 없었다. 그러나 할 수 없이 여행을 포기해야 하는 상황은 우리를 우울하게 만들었다.

인천공항에 도착한 순간 나는 여행자에서 생활인으로 변신해 언니에게로 달려갔다. 충격에 빠져 있는 언니를 대신해 이런저런 일을 돌봐주고 돌아오니 열흘이 지났다. 그러나 그게 다가 아니었다. 불행은 혼자 오지 않는다고 했던가? 더 심각한 사건이 나를 기다리고 있었다.

우리가 돌아오고 약 한 달이 지난 10월, 나는 유방암 진단을 받았다. 자신이 암환자가 되리라고 생각해본 사람이 있을까? 더구나 가족이나 지인들 중 암환자가 전혀 없었기 때문에 이런 일은 상상도 못했다. 여행자에서 생활인으로 다시 암환자로, 변신로봇도 아닌 주제에 나는 잘도 변신해야만 했다. 안전벨트가 고장 난 롤러코스터를 타고 끝없이 아래로 곤두박질치는 기분이었다. 여행 정리고 뭐고 정신없이 수술을 받았다. 수술 뒤에는 항암 치료, 방사선 치료, 호르몬 치료가 줄을 이었다.

그런데 불행과 행운이 동전의 앞뒷면처럼 붙어 있을 줄이야. 병을 앓는 것이 꼭 나쁜 것만은 아니었다. 결혼 후 처음으로 혼자 살아본 6개월과 이어진 아내의 암 진단은 남편을 달라지게 만들었다. 그는 힘겨운 치료과정을 함께 겪으며 내 곁을 지켰다. 비로소 '남의 편'이 진짜 '내 편'이 되었다. 그와 함께 나도 달라졌다. 가슴의 일부분을 도려내었지만 예전처럼 가슴속에 찬바람이 불지는 않았다. 우리의 평행선이 드디어 만났다. 이제 남편은 내 여행 인생의 가장 든든한 지원군이다. 내가 어디를 여행하든 적극 격려하고 지지해준다.

치료가 얼추 끝나가고 항암 때문에 박박 밀었던 머리가 2센티

미터 정도 자랐을 즈음, 난 결심을 했다. 소중한 내 여행경험을 이렇게 흘려버릴 수는 없다고. 원래 쇼트커트를 즐기는 사람처럼 짧은 머리에 야구 모자를 눌러쓰고 책 쓰기 교실을 찾아갔다. 그리고 육 개월 동안 초고를 완성했다.

실은 여행을 떠나기 전부터 우리의 여행 이야기를 책으로 내고 싶은 소망이 있었다. 그래서 여행 내내 아무리 피곤해도 글쓰기를 내려놓지 않았다. 그때 같이 수업을 들었던 수강생 중에서 수강기간인 육 개월 안에 초고를 끝낸 사람은 나뿐이었다. 안 그래도 수술과 치료 때문에 늦어졌고 더 이상 미뤄지면 아예 여행기를 내지 못할 거라는 절박함이 나를 이끌었다. 그랬다. 난 누구보다 절실하고 절박했다.

여러 출판사에 투고를 했는데 운 좋게도 몇 군데서 연락이 왔다. 당시에는 청소년 아들과 엄마가 함께한 여행기가 거의 없었다. 아마 독특한 콘셉트가 눈길을 끌었던 모양이다. 그중 인연이 닿는 출판사와 계약을 했고 2014년, 드디어 공식적인 첫 책 『고등학교 대신 지구별 여행』이 출간되었다. 글은 엄마가 썼고, 사진은 아들이 찍었다.

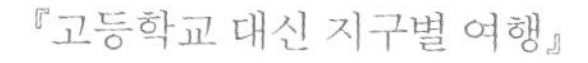
『고등학교 대신 지구별 여행』

엄밀히 따지자면 첫 책은 따로 있다. 그 전에 『사랑을 말하기에 아직 늦지 않았습니다』라는 공저를 출판했더랬다. 이 책은 백천문화재단에서 환자들을 대상으로 무료 배포하는 비매품이다. 환자와 그 가족들의 편지글을 모아서 만들었다. 서점에는 판매되지 않는 비공식적인 책이라 하겠다.

그래도 여행은 계속된다

그 와중에도 여행을 멈추지 않았다. 그러나 명색이 암환자니 체력적으로 무리가 되는 먼 곳으로는 갈 수가 없었다. 마침 중국을 한 번도 안 가봤으니 가까운 칭다오에 가기로 했다. 그게 2013년 봄이다. 아프리카까지 섭렵한 우리에게 칭다오는 너무 싱거운 여행지였지만 세 식구가 다 같이 여행한 것만으로도 즐거웠다.

2014년 1월에 책이 나오고, 9월에 아들은 알래스카 대학에 들어갔다. 대안학교 출신인데다 고등학교 과정 대신 세계여행을 했으니 평범한 이력은 아니었다. 아예 해외로 눈을 돌려 아이가 원하는 야생생물학 관련학과가 있는 대학을 찾았다. 그곳이 알래스카 대학이다.

하나뿐인 자식이 독립을 하자 나도 독립 준비에 나섰다. 그동안 여행을 하면서 늘 아쉬웠던 부분이 바로 영어였다. 영어회화가 능숙한 아들과는 달리 나는 영어가 서툴렀다. 보통의 중년들처럼 중·고등학교 이후에는 영어를 들여다 본 적이 없었다. 아이와 같이 다닐 때는 별다른 불편이 없었지만 이제부터는 사정이 달라질 터, 자력갱생의 시기가 온 것이다. 물론 영어가 능숙하지 않다고 해서 여행을 할 수 없는 건 아니다. 다만 불편할 뿐이지. 특히 여행지에서 사람 만나는 재미를 제일로 치는 나 같은 여행자에게 유용한 통역사가 사라지는 사태는 매우 심각한 불편을 초래하겠지.

그해 2014년부터 영어공부를 시작했다. 공부라기보다는 말하기 연습이다. 2014년을 '영어습득의 해'로 정하고 영어에만 매달렸다. 집에서 칠 개월 동안 기초를 다진 뒤 10월에 필리핀으로 어학연수를 떠났다. 처음에는 10주를 계획하고 갔지만 8주 만에 돌아왔다. 역시나 환자 체력이 학원생활을 버텨내지 못한 탓이다. 그해는 하루 평균 서너 시간을 영어연습에 올인했다. 나는 앞으로도 여행을 다닐 테고 여행이 인생의 낙인데, 유용한 도구인 영어를 잘 다룰 수 있어야 했다. 역시 모든 일의 동력은 절박함이다.

여전히 나는 암환자로, 그리고 여행자로 잘 살고 있다. 정기적으로 병원에 가서 검사를 받고 약을 먹는다. 그럼에도 불구하고 2015년은 세계여행 이후 가장 여러 번 여행을 다닌 해였다. 필리핀, 일본, 대만, 베트남, 모두 네 나라를 다녀왔다. 미리 계획을 했던 건 아닌데 어쩌다 보니 그리 되었다.

필리핀은 어학연수 시절, 여행을 전혀 못한 게 아쉬워서 다시 갔다. 일본은 아들 성화에 떠밀려 다녀왔다. 여름방학에 집에 온 아들이 일본으로 다 같이 가족여행을 가자는 것이었다. 아직 한 번도 일본에 가보지 않았다는 게 이유였다. 대만은 36년 만에 만난 어릴 적 친구랑 뜻이 맞아 같이 갔다. 늘 가족하고만 다니다가 처음으로 친구와 함께 한 여행이었다. 베트남은 오롯이 나 혼자만의 여행을 하고 싶어서 갔다. 참, 핑계 없는 무덤 없다더니 핑계 없는 여행도 없네.

2016년 역시 2015년 못지않았다. 지난 세계여행 때 폴란드에서 동유럽여행을 중단한 이후, 내내 별러왔던 유럽을 다시 갔다. 계획이 늘 그러하듯, 처음에는 매우 창대했다. 무비자 3개월 동안 남유럽부터 북유럽까지 유럽 전체를 돌아보자고 결심했지만, 역시나 전혀 다른 방향으로 바뀌었다. 부족한 경비와 부실한 체력이 문제였다. 때문에 가능한 이동을 적게 하는 단순한 루트를 만들었다. 파격적으로 한 도시에서 한 달을 지내기로 말이다. 결과적으로는 87일 동안 스페인 세비야, 프랑스 리옹, 독일 드레스덴에서 20여 일씩 머물렀다. 그 외에 프랑스 안시와 파리, 독일 로맨틱 가도와 베를린, 체코 프라하와 체스키크룸로프를 며칠씩 돌아보았다.

2017년에는 가볍게 인도네시아를 다녀왔다. 친구가 사는 자카

대만 타이베이
양명산

일본 교토의
후시미이나리 신사

일본 오사카 시내
난바 거리

베트남 호이안 올드타운 등불

르타를 거쳐 욕야카르타(족자), 발리에서 모두 20일을 보냈다. 여름내 이 책의 초고를 쓰고 잠시 한숨 돌리자는 의도였다. 머리를 식히고 쉬는 게 목적이었지만 영화처럼 '잠 못 이루는 시애틀'도 아니고 '잠 못 이루는 인도네시아'일 줄이야. 새벽 4시에 울려 퍼지는 모스크 기도소리와 트럭이 달리는 것 같은 소리를 내는 에어컨, 밤새 짖어대는 개소리로 인해 내내 잠을 잘 수가 없었다. 결국 집에 돌아와서야 숙면이 가능했다. 여행은 언제나 예측불가능 품목이다. 덕분에 잘 자는 몸을 만들기 위해 꾸준히 운동하고 있다.

여행의 동기는 사람마다 다를 것이다. 누구에게는 현실 도피일 수도 있고, 누구에게는 새로운 세상에 대한 탐색일 수도 있다. 나는 현실도피이자 탈출욕구가 100%였고 새로움을 추구하고자 하는 욕구도 100%였다. 도합 200%니 어찌 떠나지 않을 수 있었겠는가. 요즘에는 탈출욕구는 거의 없어지고 탐색욕구가 200%다. 명리학을 공부하는 친구가 사주를 보더니 나한테 역마살이 있단다. 흐르는 물이어서 흘러 다녀야 하는 팔자란다. 그래서일까, 도로가 무서워 운전도 꺼리고 물이 무서워 수영도 못하는 겁쟁이가 여행에서만큼은 딴사람처럼 대범해진다. 매번 새로운 시도를 하고 매번 낯선 곳으로 떠난다. 나는 이제 내가 누구인지 알겠다.

내가 여행하는 이유

무엇보다 재미있다!

다른 무엇보다 여행에 꽂혔다. 왜냐고 묻는다면, "공부가 가장 쉬웠어요!"의 다른 버전, "여행이 가장 재미있어요!"쯤 되겠다. 사람마다 좋아하는 것이 각기 다르다. 사람마다 재미있어 하는 것도 서로 다르다. 이건 전적으로 취향의 차이라고 볼 수 있다. 어쩌다 뒤늦게 여행을 알게 되었는데 이게 무엇보다 재미가 있었다. 무언가를 지속하는 힘은 의무나 필요보다 재미라고 확신한다. 머리보다 가슴을 건드리는 것, 생각보다 몸이 먼저 나가는 것, 할수록 더 하고 싶어지는 것. 그렇게 만드는 힘이 바로 재미다. 재미가 있으니 즐기게 된다. 그러다 보니 여행 자체가 과정이자 목적이 되었다.

오직 나만을 위해

아내로 엄마로 며느리로 사는 동안 나 자신이 주어가 되기는 힘들었다. '주부'를 사전에서 찾아보면 '한 가정의 살림살이를 맡아 꾸려 가는 안주인'이라고 나온다. 현실에서 주부란 '가족의 뒷바라지를 하는 사람'이란 말과 같다. 가족의 뒤에서 혹은 옆에서 챙겨주고 도와주는 사람. 주부에게 주어는 자신이 아니라 가족이다. 그러나 여행에서는 비로소 자신이 주어가 된다. 일상을 벗어나, 온갖 의무에서 벗어나, 오로지 자신을 위해 움직이게 된다. 내가 가고 싶은 곳에 가고, 내가 먹고 싶은 걸 먹고, 내가 하고 싶은 걸 할 수 있다. 나에게 온전히 집중할 수 있는 귀한 시간, 그것이 여행이다.

나도 몰랐던 나

내가 여행지에서 사람을 만나고 사귀고 이야기 나누는 걸 무척이나 좋아한다는 사실을 깨달은 건, 동남아시아 21일 여행을 마치고 나서였다. 두 번째 여행이기도 했고, 실질적인 배낭여행의 시작이기도 했다. 이후로도 여행을 계속할수록 내가 몰랐던 나를 자꾸 발견하게 되었다. 일상에서는 1번에서 5번까지의 나만 꺼내어 썼다면, 여행에서는 있는지도 몰랐던 6번에서 10번까지의 내가 튀어나오는 식이었다. '어, 내가 원래 이런 걸 좋아했었나? 아니 내가 이런 것도 할 수 있다니!' 나를 새롭게 알아갈수록 내가 신기하고 기특했다. 나의 범위는 점점 넓어졌다. 자신감과 더불어 자존감이 높아졌다. 무엇보다, 나를 더 사랑하게 되었다.

한국이라는 우물

한국문화는 아직도 폐쇄적인 측면이 많다. '무슨무슨남'은 별로 없는데 '무슨무슨녀'는 왜 그리 많을까. 마녀사냥처럼 잊을 만하면 '무슨무슨녀' 성토가 쏟아진다. 게다가 요즘에는 '무슨무슨충'까지 생겨났다. 아직 새파랗게 젊은 이십대인데도 나이 한 살 가지고 위아래를 구분해야만 직성이 풀린다. 어떤 노인들은 나이가 많다는 이유로 아무에게나 반말과 무례를 일삼기도 한다. 또한 우리 사회는 유독 타인의 시선에 민감하다. 내가 행복한가보다 남에게 어떻게 보이는지가 중요하다. 정작 그들은 나에게 눈곱만큼도 관심이 없음에도 불구하고 말이다. 그런데도 충고랍시고 배 놔라 대추 놔라, 참견은 또 얼마나 많은지.

여행은 한국이라는 우물이 전부인 줄로만 알았던 개구리에게 우물 밖 세상이 존재한다는 사실을 깨우쳐 준다. 내가 알고 있던 게 다가 아니라는 것, 세상에는 다른 관점, 다른 문화가 존재한다는 것, 특히 유교문화의 잔재로부터 벗어나 다양한 문화를 체험하게 해준다.

지금 여기에

우리가 일상을 사는 방법은 거의 '과거' 아니면 '미래'다. 늘 과거를 후회하고 미래를 걱정한다. 불완전한 사람의 속성이 그러하고 반복되는 일상의 속성이 그러하다. 순수하게 현재를 오롯이 사는 사람은 많지 않다. 그러나 여행을 가게 되면 상황이 달라진다. '지금 여기'에 집중하지 않을 수가 없다. 나는 오늘 낯선 곳을 내 힘으로 찾아가야 한다. 버스를 제대로 탄 건지 내릴 곳이 여기가 맞는지 온 신경을 집중해야 한다. 다른 생각을 할 틈이 없다. 자유롭게 거리를 거니는 동안에도 새로운 풍경이 나를 사로잡는다. 처음 와본 도시, 생경한 사람들 틈에서 오직 그 순간을 만끽하게 된다. 한국에 두고 온 걱정거리를 떠올릴 틈이 없다. 일상으로부터의 해방은 우리에게 오직 '현재'만을 선물한다.

일상을 바꾼다

이제까지 해보지 않았던 것, 이제까지 느껴보지 못했던 것을 자꾸 경험하다 보면, 그건 자연스럽게 일상에도 영향을 미친다. 여행에서의 나와 일상에서의 나는 뫼비우스의 띠처럼 서로 연결되어 있다. 유럽여행에서 한복을 입고 다니다 보니 그에 맞춰 열심히 화장을 하게 되었다. 스타일 멋진 스페인 여인들에게서도 자극을 받았을 것이다. 플라멩코 느낌의 크고 화려한 귀걸이도 샀다. 한국에 돌아와서도 남 눈치 보지 않고 마음껏 귀걸이를 하고 다닌다. 평생 꾸미는 걸 몰랐던 내가 오십이 되어 예뻐지고 싶은 욕구에 눈을 떴다. 이런 게 난 참 재밌다. 여행을 할수록 일상도 재밌어진다.

내 것 아닌 듯 내 것인 다른 인생

사람은 한 번 태어나면 한 번만 살게 된다. 전생이 있는지는 모르겠지만 우리가 기억하는 인생은 오직 이것, 하나뿐이다. 그런데 이 인생 말고 다른 인생을 살아볼 수 있다면? 세상에는 그런 직업이 두 개가 있다. 하나는 바로 배우. 새로운 역할을 맡을 때마다 본래의 자신과는 전혀 다른 인생을 살 수 있다. 여러 가지 인생을 경험해 볼 수 있다니, 정말 멋진 직업이다. 그러나 아무나 배우가 될 수는 없다는 게 함정.

배우보다는 우리가 선택할 수 있는, 훨씬 쉬운 직업이 있다. 눈치 챘는가, 바로 여행자다. 나는 다른 나라, 다른 도시로 여행을 떠날 때마다 그런 기분이 든다. 예를 들면 서울에서의 나와 폴란드 바르샤바에서의 나는 많이 다르다. 거기에서 폴란드 사람들이 먹는 음식을 먹고 그들이 입는 옷을 한두 개쯤 사 입는다. 그들이 타고 다니는 전철과 버스를 타고 그들처럼 동네 카페에서 폴란드식 연한 커피 한 잔을 마신다. 마치 다른 사람이 된 것 같다. 여행지에서 나는 잠시나마 한국에서의 나와는 완전히 다른 인생을 경험한다. 마치 다른 역할에 몰두해 있는 배우처럼 말이다. 그리고 이런 기분이 너무나 근사하다. 단지 공간만 바뀌었을 뿐인데

다른 사람이 되어보는 느낌. 매번 다른 도시로 여행을 갈 때마다 나는 여러 번의 인생을 살아본다.

그동안 나는 나를 너무 과소평가하고 있었다. 아내, 엄마, 며느리, 주부라는 역할 아래 살아온 세월 동안, 나는 나를 까마득히 잊어버렸다. 이름을 불러주어야 꽃이 되는 것처럼, 그런 나를 다시 불러낸 것은 여행이었다.

"나는 내가 생각하는 것보다 훨씬 괜찮은 사람이다!"

이것이 11년 여행을 통해 발견한 깨달음이다.

폴란드커피

여행하기 딱 좋은 나이, 중년

나이에 대하여

"내가 10년만 젊었어도!"

"내가 왕년에 말이야~."

"그 나이가 좋은 줄 알아라~."

나이에 관한 말들을 들여다보면 젊음에 대한 찬양과 나이 듦에 대한 아쉬움이 대부분이다. 이미 전성기는 지나갔다는 한탄. 한때 『서른, 잔치는 끝났다』라는 시집이 화제가 된 적이 있었다. 그 밖에도 '서른'에 대한 책들과 노래가 넘쳐났다. 인생에서 가장 빛나던 때는 과연 젊음이 펄떡이는 20대일까? 서른이면 정말 잔치는 끝난 걸까? 서른 살 즈음에는 마치 인생의 큰 문턱을 넘어가는 것처럼 느껴지지만 오십을 먹고 보니 덤덤하게 '서른쯤이야'라고 말하게 된다. 내가 서른이었을 때를 고백하자면, 인생에 대해서 아무것도 몰랐다. 단지 젊었고 아주 많이 미숙했다. 잔치가 끝나기는커녕 아직 시작도 안했다. 잔치의 날들은 여전히 창창하게 남아 있음을 지금은 알게 되었다.

여행도 마찬가지다. 배낭여행이 20, 30대만의 전유물은 아니다. 물론 이삼십 대의 배낭여행자가 제일 많은 건 사실이다. 거기에는 반전이 숨어 있다. 젊다고 해서 모두 여행을 능숙하게 하는 건 아니라는 것. 내가 처음 여행을 시작했던 마흔에도 나보다 훨씬 어설픈, 그러나 젊은 여행자를 적잖이 만났다. 준비 없이 아무것도 모르고 젊음 하나만을 믿고 나온 여행자들이 수두룩했다. 오히려 내가 그들에게 이것저것 유용한 조언을 해주기도 했다. 단지 나이가 들었다고 해서 배낭여행을 할 수 없는 건 아니다. '꽃보다 할배'와 '꽃보다 누나'가 인기를 얻기 이전부터 나는 중년 이상의 배낭여행자들을 많이 보았다.

그렇다면 여행하기에 가장 좋은 나이는 언제일까? 당신이 20대라면 나는 "역시 여행은 기운이 팔팔한 20대에 해야 제 맛이지."라고 말하겠다. 당신이 50대라면 나는 또 "반평생쯤 살아본 50대가 여행에도 최적기야."라고 말하겠다. 즉 여행은 언제나 '지금'이 제일 좋은 시기다. 당신이 몇 살이든 상관이 없다. 여행을 가고 싶은 때라면 언제든지 '그때의 지금' 가는 게 제일 좋다. 우리는 지나간 20대를 지금 살 수가 없고, 앞으로 닥칠 50대를 지금 살 수가 없기 때문이다. 우리가 살 수 있는 때란 오직 이 순간, '지금'밖에 없으니까.

중년에 대하여

과연 몇 살부터 몇 살까지를 중년으로 보아야 할까? 이전까지는 주로 40대에서 50대까지를 중년으로 여겼다. 사전을 보면 '마흔 살 안팎의 나이, 또는 그 나이의 사람. 청년과 노년의 중간을 이르며, 때로 50대까지 포함하는 경우도 있다'라고 되어 있다. 주변에 물어보니 '40대 중반에서 60대까지'라는 의견이 가장 많았다. 사전의 내용이 실제 인식과는 상당히 동떨어져 있다. 아무래도 사전의 정의가 바뀌어야 할 것 같다.

중년은 참 좋은 나이다. 여행하기에 딱 좋은 나이다. 앞서 말했듯 '우리의 지금'은 중년이니까. 이런 이유 외에도 중년이 가지는 장점은 많다. 일단 중년을 조금 세분화한다면 다양한 층이 존재한다. 40대 초반이라면 초등학생 자녀, 40대 중반쯤 되면 청소년기 자녀, 50대 이상이라면 스무 살 이상의 성인 자녀가 있을 것이다.(이건 일반적인 구분이고 개별적인 상황은 사람마다 다르다) 각 시기마다 장점이 있으므로 이미 지나간 날을 아쉬워 말고 아직 오지 않은 날도 부러워 말고 그 순간순간을 마음껏 누리시라. 아이들은 금방 자라고 곧 부모에게서 독립할 날이 온다.

아이가 어리면 어린 대로 데리고 다니는 맛이 있다. 나는 아들이 서너 살 때부터 나들이를 즐겨 다녔다. 산이나 들로 또는 미술관이나 박물관으로 아이의 손을 잡고 놀러 다녔다. 일 년에 한두 번씩은 강원도로 가족여행을 떠났다. 아이가 어릴 때는 아무것도 기억하지 못하니까 여행에 데리고 가봐야 소용없다는 말을 하는 사람들이 있다. 물론 어린아이들은 금방 다 잊어버린다.

그러나 머릿속에 기억하는 것보다 중요한 것은 '느낌'이다. 그건 머리가 아니라 가슴에 남는다. 엄마 아빠와 함께 행복했던 느낌, 몸에 새겨진 그 느낌은 나중에 어려운 시기를 만났을 때 쓰러지지 않고 버텨내는 힘이 되어줄 터이다. 제발 아이에게 수지타산의 대차대조표를 들이밀지는 말자. 솔직히 너무 치사하지 않은가. 아이를 키우는 것은 경제적 논리로만 설명할 수 없는 일이다.

아이가 청소년기가 되면 또 그것대로 든든한 여행 파트너가 된다. 나는 열여섯 살 아들과 6개월 동안 세계여행을 했다. 아이는 사진과 의사소통을 거뜬히 도맡았다. 이 나이 대 아이들은 얼마든지 자기 몫을 해낼 수 있을 만큼 자랐다. 아이의 의사를 존중하고 믿고 맡겨보자. 책 제목에도 있듯이 '믿는 만큼 아이들은 자란다.'

아들이 스무 살이 된 이후로는 나 홀로 여행하는 재미에 빠졌다. 아이도 독립, 나도 독립이었다. 나는 이때를 '진정한 중년의 시기'라고 본다. 이쯤 되면 지난했던 육아가 끝난다. 엄마로서의 긴 세월을 졸업하는 셈이다. 인생에서의 큰 숙제 하나를 마쳤다. 이제는 가족보다 자신을 돌아봐도 괜찮은 시기다. 엄마들에게 드디어 시간과 여유가 생겼다! 더불어 경험과 배짱까지 장착했다. 여행을 시작하기에 딱 좋지 아니한가.

엄마들에게만 이런 시절이 오는 것은 아니다. 중년에 들어선 모든 이에게 똑같이 반환점이 찾아온다. 인생의 절반을 달려온 우리들, 그동안 참말로 수고가 많았다. "이제 전반전 끝!"이라고 외친 뒤, 쉼표를 찍을 시간이다. 지금까지 잘 살아 왔는지, 이런 식으로 계속 살아도 괜찮은지, 나머지 인생의 반은 새로운 무언가를 시도해 볼 것인지, 이제라도 정말 내가 하고 싶은 일은 무엇인지, 쉬는 시간에 차분히 돌아봐야 하지 않겠나. 그 시간을 보내기에는 역시 여행이 제격이다.

게다가 요즘은 인생이 많이 길어졌다. 이른바 100세 시대다. 60대까지 중년으로 보는 시각이 존재하듯이 요즘 60대는 노인으로 치지 않는다. 70대가 되어도 여전히 젊은 노인 축에 든다. 당신이 40대든 50대든 지금 막 여행을 시작해도 최소 20년 이상 여행을 할 수 있다는 얘기다. "이 나이에 무슨 배낭여행이야?"라고 한다면 시대에 한참 뒤떨어진 생각이다. 무언가를 20년, 30년 동안 할 수 있다면 그건 결코 늦은 게 아니다.

"100세 시대의 40, 50대는 그저 길어진 인생을 보내는 것이 아니라, 확장된 청년기를 완성해가는 것이다. 열정, 자신감, 에너지에 지혜로움과 여유까지 더해진 것이 우리 시대 중년, 아니 후기청년이다." (송은주, 『4050 후기청년』 중에서)

송은주 씨는 100세 시대의 중년에게 '후기청년'이라는 새로운 이름을 붙였다. 인생의 중반기는 삶의 내리막길이 아니라 오히려 확장된 청년기라는 주장이다.

강연가 김미경 씨 역시 비슷한 이야기를 한다.

"20대와 50대의 모습이 너무 닮아 있어요. 뭐가 닮았는지 아세요? 20대는 하루 종일 자기 시간 다 쓰죠. 50대도 애들이 다 커서 하루 종일 내 시간이에요. 20대는 자기 하고 싶은 거 다 하죠. 50대도 하고 싶은 거 할 수 있는 환경과 자격이 됩니다. 그래서 50이 청춘이라는 거예요. 누구 엄마로부터 온전히 나로 돌아오는 시간이 됩니다. 20대에 못 한 꿈 다 50대에 소환해 오세요. 그래서 진정한 청춘을 꼭 만들어 보시기 바랍니다." (김미경의 있잖아 "50대는 두 번째 청춘이다" 중에서)

그녀는 중년의 시기가 그동안 포기했던 것에 도전할 수 있는 새로운 기회라는 시각을 제시한다. 중년에게 있어 체력은 젊은 이들보다 떨어질지 몰라도 경험과 세월의 힘이 있다. "아는 만큼 보인다"라는 말에서 아는 것이란 단순히 지식만이 아니라 경험, 지혜, 세월을 포함한다고 생각한다. 젊을 때는 미처 보지 못하는 것, 느끼지 못하는 것을 지금은 알 수 있다. 나만 해도 처음 여행을 시작했던 마흔 살보다 지금 쉰하나에 새롭게 가슴에 들어오는 것들이 많아졌다. 나이 많다고 걱정할 것 없다. 이쯤에서 비밀을 하나 폭로하자면, '시간은 갈수록 우리 편이다.'

하지만 불공평하게도 누구나 100세 시대를 누리기는 어렵다. 누군가에게는 생각보다 인생이 아주 짧을 수도 있으니. 가령 나 같은 암 경험자 혹은 다른 큰 병을 가지고 있는 사람들은 당장 1년 뒤를 장담할 수 없다. 지금은 멀쩡해 보여도 갑자기 병이 재발하거나 전이될 위험을 안고 살아간다. 인생의 불확실성과 불안정성은 단지 환자들에게만 해당되는 것일까?

사실 내일 일을 알지 못하는 것은 건강한 사람도 마찬가지다. 하루아침에 청천벽력 같은 사고로 세상을 등질지는 누구도 알 수 없는 일이니까. 우리에게 남은 시간이 1년일지 10년일지 30년일지는 아무도 모른다. 그러기에 하고 싶은 걸 더 이상은 제쳐두지 마시라. 사람들이 죽을 때 가장 후회하는 것이 미처 해보지 못한 일이란다. 이래저래 여행을 미루지 말 것.

2장

이미 여행은 시작되었다
준비의 정석

음닐와네 야생동물 보호구역

혼자 갈까, 같이 갈까

여행을 가려고 마음먹었을 때 제일 먼저 떠올리는 것은 "어디로 갈까?"이다. 대부분이 '어디로'에 방점을 찍는다. 하지만 '어디로'보다 중요하고 우선하는 항목이 있다. 장소보다 이것이 훨씬 여행의 질을 좌우한다. 바로 '**누구와 갈까?**'라는 문제다. 이심전심 마음이 통하고 취향이 잘 맞는 사람과 함께라면 어디를 가든 만족스러운 여행이 될 수 있다. 여행을 가려면 누구(친구, 배우자, 자녀, 온 가족, 연인)와 갈 것인지, 혹은 혼자서 갈 것인지를 먼저 결정해야 한다.

까다로운, 동행여행

여행이란 당연히 동행과 함께 해야 한다는 (근거 없는) 믿음이 널리 퍼져 있다. 오래 전부터 고대했던 여행임에도 동행자가 갑자기 못 가게 된다면 여행 자체를 포기하기도 한다. 혼자 가느니 차라리 가지 않겠다는 결정. 그만큼 '홀로여행'에 대한 두려움이 크다는 반증이다. 그러나 외려 홀로여행보다 동행여행이 만만하지 않다. 제목에 '까다로운'이라는 단서를 붙였다. 그만큼 고려해야 할 사항이 많다는 뜻이다. 사이좋게 웃으면서 떠났지만 돌아올 때는 따로 들어오는 경우, 여행가기 전에는 베스트 프렌드였지만 다녀와서는 얼굴도 안 보는 사이가 되는 경우도 적지 않다. 오로지 즐거움만을 기대했던 여행이 잔혹동화가 되지 않으려면 어떻게 해야 할까?

먼저 '하지 마라' 항목 두 가지와 '해라' 항목 한 가지를 제시하겠다.

하지 마라, 독박여행

혹 '독박육아'라는 말을 들어보았는가? 아무도 도와주는 이 없이 혼자서 육아의 모든 책임을 도맡는 것을 일컫는 신조어다. 대부분 엄마가 독박육아를 하게 된다. 20여 년 전의 나 역시 독박육아를 했다. 그때는 독박육아라는 말도 없었고, 엄마만의 육아를 당연시하는 분위기였다.

'독박여행'도 같은 개념이다. **한 사람이 여행에 대한 모든 역할과 책임을 떠맡는 것, 한 사람이 여행 준비와 진행을 모두 담당하는 것이다.** 부모가 함께 해야 할 육아를 혼자서 감당하면 힘들고 외롭듯이 여행도 마찬가지다. 뭐든 '독박 쓰는' 것은 억울하다.

나의 첫 번째 태국여행이 독박여행이었다. 남편과 아이와 함께하는 가족여행이었지만 준비는 나 혼자 맡았다. 비행기 표와 숙소를 예약하고 짧은 3박5일 동안 무얼 하면 좋을까 궁리하느라 바빴다. 여행지에서는 계획한 대로 하루하루 일정을 진행했다. 그런데 웬일인지 편하게 따라만 다니는 남편은 뜨뜻미지근한 반응이었다. 신이 난 아내와 아들만큼 즐거워 보이지가 않았다.

경희 씨는 나와 반대였다. 늘 남편이 여행 준비를 하고 그녀는 따라가는 입장이었다. 아무것도 모른 채 매번 남편이 인도하는 대로 쫓아다녔다. 그런데 이상하게 별 재미도 못 느끼고 다녀와서도 어딜 갔다 왔는지 잘 기억나지 않는다고 하였다.

경희 씨 같은 경험을 나도 딱 한 번 한 적이 있다. 방학이라 집에 온 아들과 함께 갑자기 일본 교토로 여행을 가게 되었다. 예정에 없던 여행이라 모든 준비를 아들에게 맡겨 버렸다. 아들은 가이드처럼 엄마아빠를 데리고 다녔다. 아무런 사전 정보도 없이 아들이 이끄는 대로 관광지를 찾아가고 소문난 맛집에서 밥을 먹었다. 패키지여행이 이런 느낌일까 싶게 편하긴 했다. 그런데 묘하게도 그다지 생기가 느껴지지 않았다. 물에 물 탄 듯 술에 술 탄 듯 여행이 밍밍했다. 나중에 돌이켜 보니 어딜 가서 무얼 했는지 기억이 가물가물했다.

하지 마라, 모시는 여행

"이건 뭐지? 부모님을 모시고 가는 여행인가?" 노노노! 부모님을 모시는 여행이야 당연히 부모님께 맞춰 드리는 여행이니 해라,

마라 할 이유가 없다. '모시는' 여행은 독박여행의 상위버전이다. 독박을 쓰다 못해 아예 모시고 다니게 된다. 혼자서 준비를 하는 건 물론이요, 하인이 양반 모시듯 하게 되는 여행. 누구랑 가는데 이런 사태가 벌어지는 걸까? 답은 바로 사춘기 자녀와 함께 여행할 때, 특히 원하지 않는 아이를 억지로 데려갈 경우 자칫하면 '모시는' 여행이 되기 쉽다.

싱글인 은영 씨. 그녀는 초등 6학년인 여자조카를 데리고 유럽 여행을 떠났다. 사춘기가 시작되는 여자아이들은 유독 까탈스럽게 구는 경향이 있다. 한여름 더위에 아이는 쉽게 짜증을 내고 정식 레스토랑이 아니면 음식을 먹지도 않았다. 평소에는 귀엽기만 한 조카였지만 이렇게 까다로울 줄이야, 내 자식이 아니니 매번 야단을 칠 수도 없는 일. 아이 비위를 맞추며 여행을 하느라 그녀는 진땀을 흘려야 했다.

여름방학 때 고등학생 딸과 함께 유럽을 여행한 수지 씨. 아이는 이미 친구들과 함께 하는 나름대로의 방학계획을 세워 놓았다. 엄마와의 여행은 아이가 바라는 일이 아니었다. 하지만 딸에게 좋은 경험이 되리라는 욕심에 강제 반 설득 반 아이를 데려갔다. 아이는 숙소에서는 TV만 들여다보고 밖에서는 휴대폰에 머리를 박고 다녔다. 아무리 멋진 성과 근사한 박물관을 가도 불평만 했다. 그렇다고 집에서처럼 대놓고 싸우다가는 여행을 완전히 망쳐 버릴 것 같았다. 할 수 없이 엄마는 날마다 '참을 인忍'을 새겨야 했다. 상전도 그런 상전이 없었다.

여행의 3단계

독박여행과 모시는 여행에서, 준비하는 사람이 힘든데 비해 동행자의 만족도가 낮은 데는 이유가 있다. 흔히 공항에서 비행기를 타고 출발하는 데서부터 여행이 시작된다고 생각한다. 엄밀히 말하면 여행은 공항에 가기 전부터 시작된다. 누구랑 갈지 어디로 갈지 생각하는 것부터 여행의 시작이다. 즉 준비단계가 이미 여행의 1단계다. 공항을 출발해서 다시 한국으로 돌아오기까지가 2단계, 돌아온 뒤 여행을 정리하고 추억하는 것이 3단계. 여행은 이렇게 세 단계로 이루어진다.

누구랑 어디를 갈지 결정하고, 비행기 표와 숙소를 예약하고, 그 도시는 어떤 곳인지 알아보는 과정을 하나하나 하다 보면 이번 여행이 어떻게 흘러갈지 파악할 수 있다. 여행의 구체적인 부분과 전체적인 모습이 그려진다. 나무와 숲을 동시에 볼 수 있는 시각이 키워지는 것이다. 한편 아무리 계획을 잘 세웠어도 늘 변수가 생기는 게 여행이다. 준비과정인 1단계를 밟으면 이런 돌발 상황에 대처할 힘이 생긴다.

세상 이치가 그러하듯 기초를 건너뛰면 곧 문제에 부딪치기 마련이다. 준비 없이 막바로 여행에 뛰어들면 변수가 생겼을 때 유연하게 대처하기 힘들다. 생각대로 풀리지 않는 상황 속에서 당황하게 되고 짜증이 난다. 게다가 적극적으로 준비한 사람보다 소극적으로 물러나 있는 사람이 더 재미를 느끼지 못하는 것은 당연하다. 준비과정에 함께 하지 않은 채 그저 따라다니는 사람들은 불평불만이 많고 만족도가 떨어질 수박에 없다.

나누는 여행을 해라

독박여행과 모시는 여행의 대안으로 나누는 여행을 권한다. 혹 '가난한 나라의 아이들에게 먹을 것이나 학용품을 나누어주라는 건가?'라고 생각할지 모르겠지만, 아니다. '나누는' 여행이란 여행의 준비와 역할을 나누라는 의미다. 같이 여행하는 동행 모두를 최대한 준비에 참여시키고 의견을 반영하는 방식이다. 나누는 여행에는 세 가지 방법이 있다.

첫째, 최선은 다 같이 모여서 의논하는 것. 동행 모두가 한 자리에 모여 하나하나 의논해서 결정을 한다. 숙소에서 루트, 음식과 쇼핑까지 모두의 의견을 조율한다. 가장 권장하는 방법이다. 간혹 내 취향과 다른 결정이 내려지더라도 서로 합의하고 동의한 일이므로 문제가 되지 않는다.

둘째, 각자 자신이 관심 있는 부분을 맡아서 준비할 것. 동행인 모두가 한 자리에 모이기가 불가능할 때 선택할 수 있는 방법이다. 차선이 되겠다. 온 가족이 여행을 간다고 했을 때, 여행에서 잠자리를 제일 중요하게 여기는 엄마는 쾌적하고 편리한 숙소를 알아보고 예약을 한다. 역사에 관심이 많은 아빠는 둘러볼 유적지를 조사하고 찾아가는 방법을 알아본다. 음식을 좋아하는 큰아이는 여행지에서 무엇을 먹을지, 어느 맛집에 갈지를 조사한다. 탈 것 마니아인 작은아이는 여행지에서 이용할 버스, 전철, 기차, 트램, 뚝뚝, 썽태우, 지프니, 릭샤 등 교통수단을 찾아본다. 이렇게 자신이 맡은 분야만 확실히 준비해도 여행은 얼마든지 즐거워진다.

셋째, 여행지에서의 역할을 나누는 것. 최선은 물론이고 차선도 선택할 수 없을 때, 우리에게는 삼선이 있다. 도저히 나눠서 준비할 상황이 못 되면 한 사람이 준비를 도맡을 수밖에 없다. 그럴 때는 이 방법이 적절하다.

친구와 대만을 갔을 때의 일이다. 자유여행을 준비해본 적이 없는 친구라서 모든 여행 준비는 내가 맡았다. 대신 여행 중 돈 관리와 길 찾기는 친구가 전담했다. 돈을 내고 거스름돈을 챙기고 영수증을 관리해 주니 나로서는 얼마나 편하던지. 나는 길치인데 반해 이 친구는 공간 감각이 뛰어나 한 번에 길을 척척 찾았다. 첫날 그 능력을 눈치 챈 나는 목적지를 찾아갈 때마다 친구를 앞세웠다. 이렇게 역할을 나누면 동행자도 적극적으로 여행에 참여하게 된다. 간혹 한 쪽이 실수를 하더라도 불평하기보다는 너그럽게 이해할 수 있다. 자신이 맡은 부분에서도 얼마든지 실수할 수 있으니까 말이다.

사춘기 자녀와 사이좋게 여행하는 법

모시는 여행의 최대 복병인 사춘기 아이와 여행하는 비법은 무엇일까? 아이가 여행을 적극적으로 원하는 경우와 별로 하고 싶어 하지 않는 경우가 있을 텐데, 두 가지에 모두 통하는 원칙이 있다. 이것만 지키면 사춘기 아이와의 여행은 고민 끝, 행복 시작이다. 다음 공식을 꼭 기억하자.

공식="부모가 우선이다+아이를 존중하라"

①부모 먼저 여행이 즐거워야 한다

엄마(또는 아빠)는 별로 여행을 하고 싶지 않았지만, 오직 너희들을 위해 시간과 돈을 들여 여기까지 와주었다는 태도라면 아이들은 속으로 이렇게 외칠 것이다. '그러게 누가 오자고 했냐고요?!' 부모가 먼저 편안하게 여행을 즐기는 게 우선 조건이다. 엄마아빠는 여행을 와서 행복한데 너희도 그랬으면 좋겠다는 태도가 훨씬 보탬이 된다. 부모 자신부터 원하지 않는 일을 아이들에게 시킬 수는 없는 노릇이다.

나는 '오직 아이를 위해서만 여행을 가준' 적은 한 번도 없었다. 항상 내가 좋아서가 먼저였고, 그 다음이 아이도 좋아해서였다. 내 여행에 아이가 따라오는 것이지 아이의 여행에 내가 따라가는 것은 아니었다.

②아이의 의견을 최대한 반영하라

부모가 우선이라고 해서 아이들을 무시하라는 뜻은 아니다. 아이와 함께 하는 여행의 목표는 부모도 아이도 같이 만족해야 한다는 것. 그러니까 윈윈 전략이다. 어릴 때는 손잡고 따라다니던 아이들이 머리가 굵어지면 부모와 여행가고 싶어 하지 않는다. 자연스럽게 아이들의 흥미를 이끌어 내는 게 기술이다. 어떤 아이라도 평소 관심 있어 하는 부분이 하나쯤은 있을 게다. 먹을 걸 좋아한다든가, 패션에 관심이 있다든가, 애니메이션 팬이라든가, 놀이기구 타는 걸 즐긴

다든가. 먼저 아이가 좋아하는 걸 한 번이라도 할 수 있는 여행지를 선택해야 한다. 가서 하고 싶은 게 있어야 아이도 적극적으로 여행에 참여하게 되니까.

아들은 어려서부터 동물과 자연을 좋아하는 아이였다. 세계여행 중 아이의 첫 번째 소망은 야생의 자연과 동물을 실컷 보는 것이었다. 나는 그걸 온전히 받아들여 첫 목적지를 아프리카로 정했다. 아들의 소망을 이뤄줄 장소로 선택한 곳은 스와질란드 음닐와네 야생동물보호구역이다. 이곳은 탄자니아나 케냐의 사파리 투어와는 달리 걸어서 야생동물을 볼 수 있는 지역이었다. 코앞에서 돌아다니는 야생동물들을 만나던 시간은 아프리카에서 제일로 행복했던 순간이었다.

③교육적인 목적을 달성하려는 흑심을 버려라

여행에서 아이가 지식을 배우고 교훈을 느끼기를 강요하지 말자. 배움은 누가 머릿속에 집어넣는 게 아니라 스스로 받아들이는 게 진짜다. 낯선 나라, 낯선 도시에서 먹고 자고 보고 걷는 것으로도 충분하다. 여행 자체가 목적이고 보상이다. 부모가 교육적으로 바라는 게 많을수록 아이들은 여행이 부담스럽다. 아이들도 어른만큼 힘든 나날을 보내고 있다. 세계에서 공부시간이 가장 긴 나라의 학생 노릇이 어디 쉬운 일인가. 아이들도 일상에서 벗어나 휴식하는 시간이 필요하다.

세계여행 중 아프리카여행을 마치고 방콕으로 건너갔을 당시, 방콕 거리에서 만났던 친절한 한국인 아저씨들이 아들에게 꼭 물어보는 게 있었다. "그래서 너는 이번 여행에서 무얼 배웠니?" 아들은 그 말을 싫어했다. 왜 배운 게 없겠느냐만, 시험문제처럼 질문을 던지면 정답이 튀어나오기를 기대하는 어른들. 요즘 유행하는 말로 딱 '답정너('답은 정해져 있어. 너는 대답만 하면 돼'의 준말)'였다. 반면 몇몇 현명한 여행자들은 자신이 뭘 느꼈는지를 먼저 이야기해 주었다. 그런 어른들을 만나면 아이는 자연스레 자기 생각도 털어놓았다. 그런 게 '대화'다.

④아이에게 권한을 주라

아이가 여행을 좋아한다면 이 방법이 으뜸이다. 바로 동등한 파트너로 대우하는 것. 아이에게 절반의 권한을 준다. 중·고등학생 정도가 되면 스스로 여행 준비를 할 수 있는 나이이다. 나아가 여행지에서도 얼마든지 길을 찾거나 의사소통을 할 수 있다. 부모는 한발 뒤로 물러나고 아이가 대처할 수 있게 기회를 주자. 굳이 뭔가 배워 오길 강요하지 않아도 그러는 과정에서 저절로 배움이 일어난다. 자신감과 자존감을 높이는 방법으로 이만한 게 없다.

내 친구 경은이는 아이들과 함께 일본 교토 여행을 다녀왔다.

고등학생 딸에게는 의사소통을, 중학생 아들에게는 전철과 버스를 타고 길 찾는 역할을 맡겼다. 이전 여행과 달리 아이들에게 책임을 주고 일체 관여하지 않았다. 결과는 엄마도 아이들도 대만족. 아이들은 여행의 모든 과정에 적극적이었고 엄마는 그만큼 편안했다. 여행을 다녀와서 경은이가 내게 하는 말. "진즉에 이렇게 할 걸. 애들한테 맡겨 놓으니 세상 편하더라! 키워 놓은 보람이 있어."

가장 좋거나 가장 힘들거나, 홀로여행

순수하게 혼자만의 시간이 필요할 때 우리는 홀로여행을 떠난다. 또는 서로 시간이 맞지 않거나 취향이 너무 달라서 적당한 동행을 구하지 못했을 때도 홀로여행을 선택한다. 많은 사람들이 겁내면서도 한편으로는 하고 싶어 하는 여행이 홀로여행이다. 로망이자 두려움. 이 상반된 감정이 곧 홀로여행의 장점이자 단점이다. 로망을 실현한다면 가장 행복한 여행이 되겠지만 두려움에 시달린다면 가장 힘든 여행이 되겠다. 나로서는 단점보다는 장점에 높은 점수를 준다. 앞에서 이야기한 '내가 여행하는 이유' 중 많은 부분이 홀로여행의 장점과 겹친다. 동행여행을 여러 번 해 보았다면 홀로여행에 도전해 보시라. 아마 이전과는 다른 신세계가 열릴 것이다.

나에게만 집중한다

이것이 홀로여행의 최대 장점이다. 남을 신경 쓸 필요가 없으니 이리도 편할 수가 없다. 누군가를 배려하지 않아도 되고 누군가에게 양보하지 않아도 된다. 내가 하고 싶은 대로 무엇을 해도 상관없다. 오후 2시까지 늦잠을 자든 종일 공원에서만 서성이든 뭐라 할 사람이 없다. 나는 오직 나만 보면 된다. 완벽한 자유다.

남편과 둘이 간 필리핀여행. 처음 1주일은 같이 남쪽 섬 팔라완에 있다가 남편은 한국으로 돌아갔다. 그 후 나는 열흘 동안 혼자서 북부지역의 바기오와 사가다를 여행했다. 결론은 동행여행과 홀로여행의 비교체험이었다. 여행 가기 전부터 남편의 요구와 내 조건을 맞추느라 머리가 복잡했다. 예를 들면 남편은 무조건

필리핀 팔라완 섬

수영장이 딸린 숙소를, 나는 정해 놓은 예산에 맞는 숙소를 원했다. 수영장이 있으면서도 비싸지 않은, 그리고 쾌적한 숙소를 검색하는 일은 곧 눈알이 빠질 지경이었다는 뜻이다. 아무거나 대충 먹는 나와는 달리 남편은 짜고 기름진 필리핀 음식을 좋아하지 않았다. 그러니 식사 때마다 여간 신경이 쓰이는 게 아니었다. 게다가 흥정하기 싫어하는 남편은 트라이시클을 탈 때마다 기사가 부르는 대로 다 주려고 해서 매번 뜯어말려야 했다.

그러다 혼자가 되니 심신이 얼마나 가볍던지! 숙소도 음식도 흥정도 전부 내 마음대로다. 누군가를 배려하지 않아도 되는 상황이 낯설고도 신선했다. 아들이 대학 간 이후 처음으로 도전한 홀로여행이었다. 한편 둘이서 알콩달콩 옥신각신하는 재미가 없으니 확실히 외롭기는 했다. 특히 혼자서 밥을 먹을 때가 유독 어색하고 쓸쓸했다. 하지만 혼자만의 자유로움을 만끽할 수 있었기에 두려움과 외로움을 감수할 만했다.

자신의 본모습을 대면한다

'나를 둘러싼 사람들'이라는 중력으로부터 벗어나면 한결 자유롭게 나를 탐구할 수 있다. 내가 뭘 좋아하고 뭘 싫어하는지 정확히 파악하게 된다. 그러면서 나도 몰랐던 나를 발견한다. 동행이 있었다면 (아무리 가까운 가족이라 해도) 우리는 조금씩 가면을 쓸 수밖에 없다. 좀 더 근사한 사람으로 보이기 위해 좋아도 싫은 척, 싫어도 좋은 척. 혼자일 때 우리는 비로소 가면을 벗는다. 벌거벗은 자신을 온전히 들여다보는 시간은 혼자일 때만이 가능하다.

더 많은 사람과 만난다

혼자 여행을 가면 줄곧 혼자서만 지낼 거라고 생각한다. 절반만 진실이다. 사람들 만나기를 원하지 않는다면야 그렇겠지만. 오히려 홀로여행자가 일행이 있는 여행자보다 많은 친구를 사귈 수 있다. 사람 심리가 그렇다. 동행이 있는 사람보다 혼자인 사람에게 더 마음을 열게 된다. 여행자 역시 눈치 봐야 할 일행이 없으므로 마음껏 사람들을 만날 수 있다. 특히 같은 처지인 홀로여행자들끼리는 금방 일행이 되고 친구가 된다.

혼자 갔던 베트남여행에서는 날마다 다른 사람들을 만나고 대화를 나누었다. 숙소 주인과 직원, 같은 숙소에 묵었던 여행자들, 길에서 만난 현지인들. 친구와 둘이 갔던 대만여행은 완전 반대였다. 친구와 함께 하는 시간은 재미났지만 그러느라 한 명의 외국인 친구도 사귀지 못했다. 우리 세 식구가 같이 갔던 일본여행에서도 마찬가지였다. 늘 셋이 다니니 여느 때처럼 다른 여행자나 현지인을 만날 기회가 없었다.

여자에게 자신감을 충전하는 기회가 된다

남자는 자신을 과대평가하고, 여자는 자신을 과소평가하는 경향이 있다. 예를 들면 이런 식이다. 샤워를 하고 난 뒤 남녀의 차이. 남자라면 대부분 거울을 들여다보며 이렇게 말한다.

"음, 괜찮네. 이만하면 잘생겼어, 아직 쓸 만해!"

반면 여자는 거의 다음처럼 말한다.

"어휴~ 피부가 왜 이리 칙칙해? 이 뱃살은 또 어쩔 거야!"

여자들은 자신에게 높은 평가기준을 들이댄다. 더 예뻐야 하고 더 날씬해야 하고, 아직 멀었다고 생각한다. 있는 그대로의 자신을 인정하고 사랑하라고 외쳐봐야 그게 말처럼 쉽지 않다. 지금 이대로도 괜찮다는 걸 받아들이기가 어렵다.

홀로여행은 이런 여자들에게 약효 좋은 처방전이 된다. 몇 시간을 헤맬지라도 혼자서 길을 찾는다. 낯설지만 혼자서 밥을 주문하고 먹어본다. 말이 안 통하면 괴발개발 그림을 그리든가 손

처음으로 혼자 갔던 필리핀 바기오, 시장에서 빵을 팔던 여인

짓발짓을 해서라도 의사소통을 시도한다. 이런 여행을 한 번이라도 해본다면 집으로 돌아갈 즈음에는 자신감이 빵빵하게 충전될 게다. 실제로 지금까지 혼자서 씩씩하게 여행을 다니는 여자들을 무수히 만났다. 내가 만난 홀로여행자 중에는 남자보다 여자가 훨씬 많았다. 외모로 인한 자신감은 세월 따라 사라지겠지만 여행으로 인한 자신감은 자존감으로 발전한다.

세트메뉴 하나, 두려움

많은 사람들이 '두려움'을 가장 '두려워'한다. 혼자라는 데서 오는 불안감. 혹시 험한 일이 생기지 않을까? 무슨 사고가 나면 어쩌지? 혼자서 아무데도 못 찾고 헤매기만 하면 어쩌지? 혼자 다니면 남들이 나만 쳐다보지 않을까? 동행이 있으면 괜히 든든하고 마음이 놓인다. 아무래도 홀로여행이 더 두려운 건 사실이다. 나도 그렇다. 여행구력이 10년이 넘었지만 낯선 도시에 홀로 떨어지는 순간마다 두려움이 찾아온다.

석 달 유럽여행의 첫 목적지인 스페인 마드리드, 비행기에서 내리니 밤 12시가 넘었다. 밖에는 하필 장대비가 쏟아지고 있었다. 공항에서 택시를 잡아타고 예약한 숙소를 찾아갔다. 과묵한 택시기사는 숙소에 나를 내려주고 짐도 옮겨다 주었다. 그런데 이상하게도 체크인을 하고나서까지 돌아가지를 않는다. 그는 매

마드리드기차역

우 난처한 얼굴로 서 있었고, 나 역시 의아한 표정으로 바라보고 있을 때, 숙소 직원이 말했다.

"이 분이 택시비를 달라고 하는데요?"

오 마이 갓! 나는 그만 택시비 주는 걸 깜빡한 것이다. 영어를 못하는 그로서는 얼마나 난감하고 답답했을까! 그날 밤 나는 다섯 번쯤은 "I'm so sorry!"를 외쳤다. 혼자서 시작하는 긴 여행의 첫날, 알게 모르게 깔린 두려움은 그런 식으로 나타났다. 긴장과 더불어 어처구니없는 실수를 하는 걸로.

두려움에 대처하는 자세는 두 가지다. 먼저 두려움이란 감정을 인정한다. 홀로여행이란 일종의 세트메뉴다. 먹고 싶은 주 메뉴(홀로여행의 장점들) 외에 원하지 않는 보조 메뉴, 두려움까지 딸려온다. 다행인 건 나만 그런 게 아니라는 것. 모든 여행자들이 낯선 나라, 낯선 도시에서 두려움을 느낀다. '두려운 게 당연해'라고 받아들이면 오히려 한결 편해진다.

그 다음은 '왜 두려운 거지?'라고 물어본다. 구체적으로 무엇 때문에 두려운지 짚어보자. 이유가 파악되었으면 대비책을 세우면 된다. 보통은 안전문제가 제일 큰 이유다. 기본적인 안전을 위해서는 기본적인 수칙을 지키면 된다. 특정 위험지역을 미리 체크하고 가지 않는다. 늦은 밤 골목길을 돌아다니지 않는다. 지나치게 술에 취하지 않는다. 이 정도만 지켜도 큰 위험은 없다. 또한 여행지에서 소매치기나 강도를 만났을 때, 여권이나 신용카드를 잃어버렸을 때 어떻게 대처해야 하는지도 알아둔다(뒤 3장에서 좀 더 자세히 알아보겠다). 두려움을 완전히 없앨 수는 없지만 여행 경험이 늘어갈수록 그 농도는 점점 옅어진다.

세트메뉴 둘, 외로움

두려움 혼자 오면 심심할까봐 함께 따라오는 것은 외로움이다. 아무리 혼밥, 혼술이 유행이라지만 막상 홀로여행을 가려고 하면 선뜻 내키지 않는다. 과연 혼자 가서 재미가 있을까? 혼자 밥 먹고 혼자 돌아다니는 거 너무 쓸쓸하지 않을까? 반은 맞고 반은 틀리다.

독일 베를린, 시내 관광지인 전승기념탑에 가는 길이었다. 버스에서 내려 지하도를 빙빙 돌아가면 탑이 나오는데 길이 조금 복잡했다. 그나마 갈 때는 무리 없이 찾아갔는데 나올 때가 문제였다. 지하도를 돌아 밖으로 나오면 버스정거장이 보여야 하는데 자꾸 엉뚱한 길로 나왔다. 몇 번을 반복해도 마찬가지. 머릿속에서는 '길을 왜 이따위로 만들어 놓은 거야?'와 '나는 왜 갔던 길조차 그대로 나오지 못하는 걸까?'가 도돌이표처럼 떠올랐다. 워낙 길치라 매번 헤매기 일쑤지만 이때는 정말 외로웠다. 길치인 자신에게 화가 나기보다는 '외롭다'라는 감정이 밀려왔다. 누구랑 같이 왔으면 이리 오랫동안 멍청하게 헤매지는 않았을 텐데. 둘이 헤매면 그래도 재미라도 있지. 구시렁구시렁.

외로움에 대처하는 자세도 두려움과 다르지 않다. 일단은 인정하기. 꽁냥꽁냥 둘이 다니는 여행보다는 외로울 수밖에 없다. 여행뿐만 아니라 인생에서 외로움은 늘 우리를 따라다닌다. 결혼을 해도 외롭고 안 해도 외롭고, 자식이 있어도 외롭고 없어도 외롭다. 그러나 마음이 맞지 않는 두 사람이 같이 다니는 여행이 홀로 여행보다 열 배는 더 외롭고 괴롭기까지 하다면 위로가 될까? 게다가 외로움을 감수하는 대신 자유로움을 만끽할 수 있으니 손해만 보는 건 아니다.

다행이도 홀로여행에서 조금 덜 외로울 수 있는 방법이 있다. 동행여행과 홀로여행의 장점을 결합하는 것. 이건 다음 파트인 '따로 또 같이 여행'에서 자세히 이어진다.

그밖의 소소한 단점

혼자 여행을 가면 경비가 더 든다. 둘이 가서 더블 룸 방값을 절반씩 부담하는 것보다 싱글 룸을 쓰는 게 비싸다. 종종 혼자서 더블 룸을 써야 할 수도 있다. 화장실을 갈 때처럼 잠깐 자리를 비워야 하는 경우에 짐을 지켜줄 사람이 없는 것도 불편하다. 여럿이 가면 음식을 골고루 맛볼 수 있지만 혼자 가면 먹는 재미가 덜하다. 이러한 소소한 단점들에도 불구하고 홀로여행의 장점이 훨씬 매력적이므로 너무 겁먹지 말기를.

제3의 길, 따로 또 같이 여행

'따로 또 같이 여행'은 동행여행이면서 홀로여행이고, 홀로여행이면서 동행여행인 마법 같은 제3의 길이다. 동행여행과 홀로여행의 단점을 보완하고 장점을 취하는 매우 영리한 여행법이다.

동행여행 중간에 각자 다니기

아무리 잉꼬부부라 해도 가끔은 혼자 있고 싶을 때가 있는 법. 서로 간의 적당한 거리는 오히려 관계를 건강하게 만든다. 여행도 마찬가지. 우리는 여행을 가면 왜 꼭 동행자와 24시간 붙어 있으려고 할까? 지금부터는 그런 고정관념에서 벗어나자. 세상에 둘도 없는 친구랑 같이 여행을 떠났어도 서로 취향이 다르고 생각이 다르다. 여행기간 내내 둘 다 완전히 만족하기는 쉽지 않다.

한 사람은 쇼핑을 실컷 하고 싶고, 다른 한 사람은 박물관에 가고 싶은 날이 있다. 이럴 때는 누군가 양보를 해야 하겠지만 굳이 그래야 할까? 몇 시간쯤 혹은 하루 정도는 각자 하고 싶은 걸 하면 된다. 이따가 점심 때 만나도 좋고, 아예 밤에 숙소에서 만나도 괜찮다. 더 과감하게 여행기간의 절반은 같이 보내고 나머지 절반은 따로 보내는 건 어떨까? 각자 보내는 시간은 서로 합의한 만큼이다. 이것이 동행여행이지만 홀로여행의 장점을 가져오는 방법.

제주도 서귀포의 게스트하우스에서 만난 여행자들이 그랬다. 4박5일 여행을 떠나온 두 명의 친구들. 그녀들은 이틀을 같이 다닌 뒤 3일째 되는 날 아침, 쿨 하게 헤어졌다. 등산을 하고 싶었던 한 친구는 한라산으로, 등산에 관심이 없었던 다른 친구는 모슬포로 떠났다. 각자 취향대로 나머지 이틀을 보낸 후 공항에서 만나기로 한 것.

홀로여행 중 현지동행 구하기

혼자 떠났다고 해서 항상 혼자 다니지는 않는다. 여행지에서 동행을 구하면 되니까. 특히 혼자 온 여행자들끼리 쿵짝이 맞는 동행이 되는 일은 흔하다. 인터넷 여행 카페에는 현지에서 동행을 구하는 글들이 날마다 올라온다. 아예 동행 구하기 게시판이 따로 있을 정도다. 다음은 네이버 유럽여행 카페 유랑의 '유랑동행' 게시판에 올라온 글이다.

"7월 4일부터 8일까지 파리 동행 구합니다! 30대 직딩남입니다. 기본 관광코스 및 맛있는 식사를 같이 하면 좋을 것 같습니다. 서로 사진도 많이 찍어주고 다른 여행일정도 공유해요. 쪽지나 카톡 주세요. 나이, 성별 상관없습니다.^^"

프랑스에서 리옹에 갔을 때 나도 유랑에서 동행을 구했다. 머무는 기간이 길다 보니 두 명과 각기 연락이 되었다. 첫 번째 여행자와는 시내에서 같이 밥을 먹었고, 두 번째 만난 사람과는 함께 구 시가지를 돌아다녔다.

인터넷 카페 외에 한인민박에서도 동행을 구하기 쉽다. 각각 홀로 왔어도 같은 민박에 머무는 여행자들끼리 함께 다니는 경우가 일반적이다. 현지에서 일일투어를 하는 것도 동행을 만날 좋은 기회다.

아들과의 세계여행 중 미얀마에서 일이다. 우리는 '껄로'라는 산동네에서 1박2일 트래킹을 신청했다. 우리 팀 말고 옆 팀의 가이드는 유머도 넘치고 설명도 잘하는 유능한 사람이었다. 그러나

미얀마 껄로 트래킹에서 한 팀이었던 프랑스인 필립과 세르죠

우리 팀은 가이드를 잘못 만났다. 젊은 아가씨에게 추파를 던지면서 길 안내만 간신히 하는 작자라니. 이때 같이 걸었던 프랑스 아저씨 필립과 세르죠가 아니었다면 엄청나게 재미없는 트래킹이 될 뻔했다. 명랑하고 친절한 그들 덕에 (가이드는 무시한 채) 우리끼리 즐거운 시간을 보냈다.

여행지에서 친구 사귀기

혼자 떠났어도 혼자가 아닐 수 있는 또 다른 방법은 친구 사귀기다. 성격이 외향적이지 않아도 친구를 사귈 수 있는 좋은 방법이 있다. 그건 뭔가를 배우는 것이다. 많은 여행지에서 여행자를 대상으로 하는 여러 가지 프로그램을 운영하고 있다. 언어, 마사지, 춤, 그림, 요리, 요가, 스쿠버 다이빙, 서핑 등 몇 시간 코스부터 몇 주 코스까지 굉장히 다양하다. 체험삼아 참여해 보자. 같이 수업을 듣는 사람들끼리는 자연스레 친구가 된다.

한 숙소에서 오래 머문다면 숙소 주인이나 직원, 다른 손님과도 친구가 된다.

베트남 호이안 여행 중, 현지인이 운영하는 작은 숙소에서 1주일을 있었다. 매일 얼굴을 대하는 주인아줌마와 젊은 직원과는 꽤 친해졌다. 하루는 주인아줌마가 나를 데리고 옆집에 갔다. 옆집에서는 아기의 한 달 생일잔치가 열리고 있었다. 우리나라 돌잔치처럼 가족, 친척, 동네사람들을 다 불러 모아 음식을 대접하고 노래하고 춤추는 흥겨운 날이다. 덕분에 코스로 나오는 베트남 잔치 음식도 먹어보고 신나는 베트남 노래와 춤도 구경했다.

이 숙소의 직원은 20대 초반의 어린 아가씨로 영어가 능숙하고 일처리가 야무졌다. 어느 날은 그녀가 자기 동네에 가보겠냐고 제안했다. 물론 오케이. 그녀는 나를 자신의 오토바이에 태우고 강변을 달렸다. 강가에 위치한 그녀 집에도 들르고 그녀의 친구가 일하는 카페에도 놀러갔다. 그녀는 한국에 관심이 많았고, 특히 한글을 배우고 싶어 했다. 나는 즉석에서 자음과 모음을 써가며 간단하게 한글을 가르쳐 주었다.

내가 이 숙소에 도착한 날 캐나다 할아버지 미노는 체크아웃을 하기 두어 시간 전이었다. 시간이 남았던 그는 산책을 하자고 했다. 우리는 함께 동네를 둘러보고 커피를 마셨다. 그가 떠난 뒤에도 손님은 계속 들어왔다. 보통 하루 이틀만 자고 가는 것에 비해 1주일이나 묵는 나는 장기손님이었다. 며칠이 지나자 반 직원처럼 손님이 새로 오면 인사를 하고 말을 걸었다.

유쾌한 프랑스인 노부부 마르티나, 디디엔과는 저녁을 같이 먹기로 했다. 남편 디디엔이 알아둔 맛집에 갔는데 애석하게도 밥은 설익고 음식은 형편없었다. 그래도 분위기만큼은 화기애애했다. 대화를 나누다가 모르는 단어가 나오면 아내는 커다란 사전을, 남편은 손바닥 반만 한 미니사전을 펼쳐 보았다. 오마나, 요즘 세상에 종이사전을 들고 다니다니! 그것도 여행 중에! 영어가 모국어가 아닌 여행자들끼리 서툰 영어로 나누는 이심전심. 혼자 온 여행이었지만 혼자가 아닌 시간이었다.

여행지에서는 여행자만 만나는 게 아니다. 운이 따른다면 현지인과도 친구가 된다. 날마다 호이안 구석구석을 산책하다가 어느 날 스콜을 만났다. 여행자가 몰려 있는 관광지역을 약간 벗어난 골목이었다. 갑자기 비가 쏟아져서 눈앞에 보이는 어느 집 처마로 들어갔다. 몇 분쯤 기다려도 비는 그치지 않았다.

그때 안쪽에서 들어오라는 소리가 들렸다. 그제야 둘러보니 재

커다란 사전을 보고 있는 마르티나와 남편 디디엔

봉틀을 놓고 무언가를 수선하는 여인이 보였다. 호이안은 어떤 옷이라도 원하는 대로 만들어 주는 양장점이 많기로 유명하다. 호이안 구시가지에는 마네킹에 멋들어진 드레스를 입혀 놓은 옷가게가 즐비했다. 이 집은 근사한 드레스도 잘 빠진 마네킹도 없는 걸로 보아 그저 동네 수선집 같았다. 내 또래로 보이는 중년의 여인이 주인. 그녀는 비를 피하라고 의자를 내주고 달달한 젤리를 권했다. 곧이어 통성명을 하고 금세 호구조사가 끝났다. 엄마들끼리는 엄마라는 이유로 금방 친구가 된다. 서로 휴대폰에 들어 있는 아이들 사진을 보고 웃다 보니 몇 시간이 훌쩍 가버렸다. 우리는 지금도 가끔 페이스 북에 '좋아요'를 누르며 소식을 주고받는다.

찰떡궁합 여행지는 어디에

당신은 지금 첫 자유여행을 결심했다. 이때 누구와 갈 것인가를 정했다면 이윽고 다음 단계에 부딪친다. 과연 어디로 갈 것인가? 세상은 넓고 갈 데는 많은데 도대체 어디를 골라야 하지? 남들이 가장 많이 가는 곳? 아니면 남들이 잘 안 가는 곳? 무언가를 선택하기 위해서는 기준이 필요하다. 그게 뭐든 자기만의 기준이 있다면 그걸 따르면 된다.

우리 부부의 경우, 주말에 영화를 보러 가곤 한다. 남편은 주로 네이버 평점이 8점대 이상인지 아닌지로 영화를 고른다. 나는 평점보다는 내가 좋아하는 SF 장르인지 아닌지가 우선이다. 만약 SF 영화라면 침부터 발라놓고 나중에 평을 살펴본다. 둘이 같이 영화를 볼 때는 남편 기준을 배려하는 편이고, 나 혼자 영화를 볼 때는 나만의 기준에 따른다.

자유여행 초보가 여행지를 결정하는 기준은 '나에게 맞는 여행지는 어디일까?' 생각해 보는 것이다. 제 눈에 안경이라고 내 맘에 들어야 합격이다. 남들이 아무리 추천한들 내가 흡족하지 못하면 말짱 도루묵이다. 그런데 막상 '나에게 맞는 여행지'가 어디일지 도통 모르겠다면? 솔직히 중국집에서 짜장면이냐 짬뽕이냐를 놓고도 고민하게 되는 우리다. 이런 결정 장애자들을 위해 '짬짜면'이라는 깜찍한 대안이 존재한다만, 여행지 선택에서도 짬짜면처럼 딱 떨어지는 해답은 없을까? 그걸 찾기 위해 몇 가지 질문을 던지겠다. 스스로에게 답을 해보자.

로망을 실현하라

이 순간 당신이 가장 가고 싶은 여행지는 어디인가? 혹은 평소 당신이 꿈꾸던 로망의 여행지는 어디인가? 우연히 본 한 장의 사진 때문에 두근거렸던 곳은 어디인가? 좋아하는 영화의 배경지라 꼭 한 번 가보고 싶었던 그곳은 어디인가?

어디가 나에게 맞을지 논리적으로 따지는 것보다 내 가슴에 물어보는 게 정확할 수 있다. 내가 가장 끌리는 곳, 그곳을 생각하면 심장이 뛰는 곳, 그곳이 바로 당신에게 맞는 여행지 후보 1순위다.

파리에서 만난 승희 씨. 우리는 몽마르트 투어에서 한 팀이었다. 그녀는 평소 파리여행을 꿈꿔 오다 드디어 그곳에 온 참이었다. 그저 파란 하늘만 보아도 감탄했고, 평범한 골목길도 멋지기만 했다. 심지어 굴러가는 돌멩이마저 그녀 눈에는 예뻐 보였다. 몽마르트 언덕이라고 해서 발길 닿는 곳이 모두 아름답지는 않았다. 사실 파리는 생각보다 지저분했다. 에스컬레이터나 엘리베이터가 없는 전철역은 불편하기 짝이 없었다. 그러나 그 모든 것이 낭만이었다, 오직 그녀에게는 말이다. 한마디로 콩깍지가 씌었다. 이런 콩깍지 여행, 강추다!

정아 씨의 대학생 따님 이야기. 그녀는 첫 여행지로 일본을 꿈꾸었다. 특별한 이유는 없었지만 꼭 일본을 먼저 가보고 싶었다. 이상하게도 일본여행을 계획할 때마다 엉뚱한 일이 생겨 번번이 포기해야 했다. 그럼에도 '일본이 아니면 아무 데도 안 가겠어!'라는 뚝심으로 기회를 보던 중, 초등학교 때부터 친했던 친구들과 드디어 오키나와 여행을 가게 되었다. 마침내 밟게 된 일본 땅, 오키나와의 모든 것이 신기하고 아름다웠다. 특히 준비과정에서부터 역할을 하나씩 분담한 것이 모두가 행복한 여행의 비결이었다. 벼르고 벼른 여행인데다 마음이 맞는 친구들과 함께 했으니 무엇인들 즐겁지 않았으리오. 그녀는 지금 알바를 뛰며 다음 여행을 준비하고 있다. 다음 행선지는 어디냐고? 물어보나 마나, 일본이지. 그녀의 콩깍지는 한층 두꺼워졌다.

실제 여행을 가면 어떤 여행지건 완벽하게 좋기만 한 곳은 없다. 이런 건 좋지만 저런 건 맘에 안 들고. 어디에서나 장단점이 공존한다. 그러나 콩깍지 여행은 평소의 로망을 실현한다는 것만으로도 다른 단점을 상쇄시킨다. 어떤 형태의 여행보다 충족감이 높다. 버킷리스트 하나를 이뤄내는 순간, 당신은 그저 행복하다.

딱히 그런 곳이 없다고? 그렇다 해도 걱정하지 마시라. 2순위 감별법이 있으니까.

타인의 취향 말고 당신의 취향

당신의 관심사와 취향은 무엇인가? 자신만의 취향을 즐기는 여행을 '테마여행'이라고들 한다. 즉 나만의 주제를 가지고 여행을 한다면 그게 테마여행이다. 한 온라인 서점에서 여행 부문을 열어 보면 테마여행 꼭지가 있다. 그걸 누르면 "답사/도보여행, 문화기행, 배낭여행, 별미여행, 사찰기행, 성지순례/오지탐험"이라고 세분화되어 있다. 이런 종류 외에도 무엇이든 테마가 될 수 있다. 테마는 정하기 나름이고 만들기 나름이다. 전문가만 테마여행을 할 수 있는 게 아니다. 누구라도 테마여행을 할 수 있다. 당신에게 있어서 먹는 게 중요하다면 맛집 탐방 여행을 해도 좋다. 그림 감상을 좋아한다면 미술관이 많은 도시 위주로 그림여행을 떠날 수도 있다. 이렇게 비교적 평범한(?) 테마 외에도 자신만의 독특한 테마를 가지고 여행을 하는 사람들도 있다.

지훈 씨는 유럽에서 각 도시의 축구경기만 찾아다니는 여행을 했다. 그도 처음에는 남들처럼 미술관과 성당들을 보러 다녔다. 그러나 곧 그것이 자신에게는 맞지 않는 방식임을 깨달았다. 아무런 재미를 느낄 수가 없었다. 그는 어떻게 하면 자기만의 즐거운 여행을 할 수 있을까 고심했다. 그러다 자신이 축구를 좋아한다는 사실을 떠올렸다. 유럽에는 축구팬들이 열광하는 실력 있는 축구클럽이 널려 있다. 그는 방향을 바꿔 축구장만 돌아다녔다. 평소 좋아하던 선수들의 경기를 직접 관람하는 호사를 마음껏 누렸다. 페이스 북에는 매번 새로운 축구장을 배경으로 활짝 웃는 지훈 씨 얼굴이 올라왔다.

나는 석 달 간의 유럽여행을 두 가지 테마로 정했다. 하나는 '한 도시에서 한 달 살기'였다. 스페인 세비야, 프랑스 리옹, 독일 드레스덴에서 에어비앤비로 방을 빌려 약 한 달씩 살아보았다. 현지인 호스트와 맘이 맞아 즐겁게 지내기도 했고, 무례한 호스트를 만나 영 불편한 적도 있었다.

또 다른 테마는 '한복여행'이었다. 요즘 젊은 여성들 사이에서 한창 인기 있는 한복 입고 여행하기를 시도했다. 평소 한복에 관심이 많았던 것은 아니었는데 여행 가기 한 달 전부터 갑자기 한복에 꽂혀버렸다. 한복 카페에 가입을 하고 세미나에 참석을 하는 등 극성을 부렸다.

그렇게 한복 공부를 한 뒤, 총 세 벌의 치마저고리와 짧은 두루마기 하나를 준비했다. 흔히들 떠올리는 결혼식 때의 한복이 아니라 여행용 한복이다. 치마 길이는 발목 위로 올라가 활동하기에 편리했다. 재질도 구겨지지 않고 물세탁이 가능한 원단이다.

한복여행, 파리 시내 초콜릿 가게

보통 한복 여행자들은 날씨 좋은 날, 하루 정도 한복을 입고 사진을 찍는다. 그것도 물론 재밌겠지만 나는 가능하면 한복만 입는 여행을 하고 싶었다. 그래서 여행을 시작하는 인천공항에서부터 한복을 입고 출발을 했다. 여행 중에도 날씨만 허락한다면 한복을 입고 돌아다녔다. 특별한 옷차림 덕분에 먼저 다가와 관심을 보이는 사람들을 종종 만났다. 새로운 시도는 새로운 경험을 불러온다. 그게 또 여행의 매력이지.

아직 당신만의 뚜렷한 취향이 없다면, 괜찮다. 얼마든지 그럴 수 있다. 요즘 젊은이들은 어릴 때부터 각종 취미를 섭렵하고 외국어에도 능숙하다. 단군 이래 최고 스펙을 자랑하는 세대라고들 하지 않나. 하지만 우리 4060 세대는 자기 취향을 발견하고 확장할 기회가 적었다. 더구나 초보 여행자라면 자신의 여행취향을 모르는 게 당연하다. 아직 해본 적이 없으니까. 여행을 거듭 하다 보면 없었던 취향이 생기고 발전하게 된다. 당신에게 필요한 것은 시간과 경험이다.

성향별 여행지

자신의 성향(성격)에 따라 여행지를 선택할 수도 있다. 평소 자신의 모습이 어떤지 생각해 보자. 그런데 여행을 하면 할수록 스스로에게 놀라게 된다. 평소의 나와 여행지에서의 내가 다르다는 걸 느끼기 때문이다. 아마도 여행이라는 새로운 환경이 '숨어 있던 나', '잠재되어 있던 나'를 끄집어내는 게 아닐까. 사람의 성향(성격)이란 정해져 있는 듯이 보이지만 환경을 바꾸면 또 새로운 면이 자꾸 생겨날 수 있음을 알게 되었다. 그러니 당신이 어떤 사람이라고 단정 짓지 말자. 그러기에는 사람이란 매우 섬세하고 다양하며 변화무쌍하다. 그저 지금 이 순간 나는 어떤 여행을 원하는지에 초점을 맞추기 바란다.

*능동적인 신체활동을 즐기는 편인가,
 아니면 차분히 내면을 성찰하고 싶은가?

전자라면 패러글라이딩, 스카이다이빙, 번지점프, 스노클링, 서핑, 등산, 트래킹 등 아웃도어를 즐기는 여행을 해보자.

나는 어릴 적부터 그림 그리기나 책읽기를 좋아했지 여기저기 돌아다니는 성격이 아니었다. 여행 이전의 나는 아웃도어에 관심이 없는 사람이었다. 몸치에 가까운 편이어서 몸으로 하는 일은 서툴렀다. 그나마 평소 즐기는 운동은 걷기와 가벼운 등산 정도였다.

그러던 내가 네팔 포카라에서 처음으로 패러글라이딩을 해보고는 그 매력에 반했다. 하늘을 나는 것이 전혀 두렵지 않았다. 새가 된 듯 하늘을 유영하는 기분은 그 무엇보다 자유롭고 짜릿했다. 이후로는 패러글라이딩을 할 수 있는 장소라면 꼭 해본다. 프랑스에서 안시를 찾아간 것도 호수구경보다는 패러글라이딩 때문이었다.

체코에 갔을 때, 가장 원했던 것은 프라하의 야경이 아니었다. 어릴 적부터 로망이었던 스카이다이빙을 해보고 싶었다. 겁 많고 얌전했던 내가 왜 스카이다이빙에 매료되었는지는 모르겠다. TV에서 스카이다이빙을 볼 때마다 언젠가 꼭 해보리라 다짐했었다. 프라하는 유럽에서 비교적 저렴한 가격으로 스카이다이빙을 경험할 수 있는 도시였다. 그런데 막상 비행기에서 뛰어내려 떨어지는 동안 기압 때문인지 귀가 너무 아팠다. 그 1분이 어찌나 길게 느껴지던지 '아, 숨을 못 쉬겠어, 딱 죽을 것 같다!'는 것 외에는 아무런 즐거움을 느낄 수 없었다. 낙하산을 펴자 겨우 풍경이 눈에 들어왔다. 스카이다이빙은, 내게는 너무 과격했다. 그래도 어릴 적 소원을 이루었으니 더 이상 미련은 없었다.

이로써 패러글라이딩은 계속 즐기되 스카이다이빙은 더 이상 하지 않는 걸로 정리가 되었다. 여행이 아니었다면 이런 액티비티를 적극적으로 해보았을까? 거기다 이렇게 구체적인 가이드라인이 생길 일도 없었을 터. 앞으로도 적당한 아웃도어는 도전해 보려고 한다. 어떤 것이 나를 설레게 할지 해보지 않고는 모르는 일이다.

한편 후자라면 한가로운 자연 속에서 혼자 머무는 여행이 제격이다. 여행자가 많지 않은 시골에서 조용히 머무는 여행이나 아름다운 해변의 편안한 리조트에서 쉬는 여행도 좋다.

아들과 세계여행 중 우리는 네팔을 갔다. 첫 목적지였던 아프리카를 46일 동안 여행한 뒤, 몸과 마음이 지쳐 있던 때였다. 그런 우리에게 길에서 만났던 여행자들이 네팔 포카라를 추천했다. 아름답고 조용하고 물가도 싸서 느긋하게 휴식하기에는 적격이라는 이유였다. 우리는 포카라에서 19일을 지냈다. 사실 포카라는 히말라야 트래킹을 하기 위

해 가는 곳이다. 그곳에 머무는 여행자의 99%는 트래킹이 목적이다. 아마 그렇게 오래 있으면서 트래킹을 하지 않은 별종은 오직 우리 둘뿐이었을 게다.

우리는 아침에 느지막이 일어나 찌아(네팔식 밀크티)를 한 잔 마시고 동네를 산책했다. 그러다 맘에 드는 카페를 발견하면 퍼질러 앉아 일기를 쓰고 사진을 정리했다. 가끔은 근처의 낮은 산으로 소풍을 다녀오기도 했다. 어떤 날은 히말라야 설산 봉우리가 비치는 페와 호수에서 보트를 탔다. 한껏 늘어지기와 원 없이 뒹굴거리기. 그렇게 욕심껏 에너지를 채우고서야 그곳을 떠났다.

***기꺼이 새로운 사람들과 관계를 맺는 편인가,**
혹은 가까운 사람과 더욱 친밀해지고 싶은가?

나는 평소에 후자 유형인 줄 알았는데 여행을 다녀보니 전자 유형이었다. 여행지에서는 내 쪽에서 적극적으로 말을 걸고 대화를 나누게 된다. 그건 영어를 못 하던 초창기 여행에서부터 그랬다.

아들과 함께 동남아 3개국(캄보디아, 라오스, 태국)을 여행할 때의 일이다. 태국 치앙마이 일일투어에서 칠레 청년을 만났다. 만나자마자 친해져버린 우리 세 사람. 마치 일행처럼 종일 함께 어울렸다. 못 하는 토막영어로도 많은 대화가 통했다. 이 여행에서부터 깨달았다. 내가 사람들을 만나고 이야기하는 걸 즐기는구

나. 여행은 이런 식으로 내가 나를 만나는 것이로구나.

독일 베를린에서였다. 하루는 시내 관광지를 두루 거치는 100번 버스를 탔다. 버스 운전기사는 마치 정식 가이드처럼 베를린 곳곳을 소개했다. 게다가 어찌나 유머가 넘치는지 승객들은 계속 웃음을 터뜨렸다. 내 옆자리에는 나와 비슷한 나이대로 보이는 여인이 앉아 있었다. "저 운전기사 정말 재밌지 않아요?"라며 내가 말을 걸었다. 20분쯤 뒤 그녀가 버스에서 내릴 때는, 서로 아들 사진을 보여주며 한참 얘기를 나눈 뒤였다.

아무리 아름다운 여행지라도 그곳에서 만난 얼굴들이 하나도 떠오르지 않는다면, 나는 참 쓸쓸할 것 같다. 나에게 여행은 역시 사람 만나는 재미가 제일이다.

이런 여행도 좋지만 부부나 부모 자녀, 커플, 혹은 친구끼리 더욱 친밀해지는 둘만의 여행도 강추한다.

중학생 아들과 이탈리아여행을 다녀온 소정 씨. 북한군도 무서워한다는 중2 아들과 평화로운 시간을 보냈다. 둘째인 아들은 늘 형에게 밀려 주목받지 못했다. 엄마는 그런 아들을 위해 특별히 둘만의 여행을 준비했다. 평소에는 빨리 일어나라, 공부해라, 학원에 가라는 둥 잔소리만 하게 되는 엄마였다. 하지만 이 여행에서는 달랐다. 저녁에 일찌감치 숙소에 돌아오면 학원도 공부도 필요 없었다. 그저 "실컷 자거라"라는 말만 할 수 있어서 엄마도 아이도 너무 행복했다. 또한 아들에게 여행의 모든 주도권을 내주었다. 관광지 찾기부터 의사소통까지 전적으로 맡겨버렸다. 결과는 대성공, 여행 중에는 물론이고 집으로 돌아온 후에도 아들은 의기양양 자신만만해졌다.

엄마와 자녀가 함께 여행을 한다면 자녀들을 모두 데려가려고 한다. 하지만 가끔은 이렇게 일대일로 온전히 지내보는 시간을 권한다. 열 손가락 깨물어 안 아픈 손가락 없다지만, 현실에서는 분명 더 아픈 손가락과 덜 아픈 손가락이 따로 있다. 상대적으로 소홀했던 아이와 둘만의 시간을 가져보라. 여행이라는 멋진 도구가 분명 힘이 되어 줄 테니.

***가능하면 새로운 문화를 경험하고 싶은가,
아니면 우리나라와 비슷한 문화권을 선호하는 편인가?**

후자라면 일본이나 대만, 홍콩, 싱가포르 등이 좋겠다. 초보 여행자가 만만하게 덤벼볼 수 있는 여행지다. 우선 사람과 풍경이 크게 낯설지 않다. 치안도 잘 되어 있어 불안함을 덜어준다. 우리나라와 가까워서 비행시간이 짧고 항공료도 저렴하다.

'중년을 위한 첫 번째 배낭여행' 강좌를 듣고 첫 자유여행에 도전한 효진 씨. 그녀는 싱가포르를 선택했다. 워낙 작은 나라인데다 여행 인프라가 잘 갖추어져 있어서 여행이 수월했다. 첫 여행에서 자신감을 얻은 그녀는 다음 목적지로 태국을 정했다.

일본이나 대만의 경우는 특히 여러 번 방문하는 마니아층이 두텁다. 자주 가는 여행지는 공항에서부터 익숙하고 편안한 마음이 든다. 여행이면서도 여행이 주는 불확실성과 불안함을 최소화할 수 있다.

그 반대라면 만만한 동남아시아부터 중동, 유럽, 남미, 아프리카까지 선택지가 다양하다. 나는 매번 다른 여행지를 선택하는 편이다. 물론 다시 가고 싶은 도시도 있지만 아직 한 번도 안 가본 미지의 땅이 궁금하다. 최대한 우리나라와 다른 문화일수록 구미가 당긴다.

나의 첫 여행지는 태국이었다. 가까운 일본이나 중국을 갈 수도 있었지만 동남아시아에 끌렸다. 기왕 해외로 나가는데 우리나라와는 다른 문화권으로 가고 싶었다. 그런 면에서 태국은 그리 멀지 않으면서도 부담이 없었다. 그 다음에는 아프리카를 갔고, 네팔·미얀마·폴란드를 다녀왔다. 이후의 여행은 유럽, 동아시아, 동남아시아로 이어졌다. 여행 경력이 쌓여도 처음 가는 여행지에서는 늘 초보 여행자의 심정이 된다. 어설프고 긴장되지만 또 기대되고 신이 난다. 이번 여행에서는 무엇이 나를 놀라게 하고 감탄하게 만들까? 새로운 언어와 사람들, 풍경과 문화는 나를 부르는 북소리다.

***사전에 계획을 세우는 게 편한가,**

혹은 즉흥적·무계획적으로 다니는 게 편한가?

내 경우 여행을 처음 할 때는 무척 계획적이었으나 시간이 갈수록 무계획적인 여행이 되고 있다. 때때로 여행지나 동행 여부에 따라 계획적이기도 하고 즉흥적이기도 하다.

친구와 둘이 갔던 대만여행은 평소와 다르게 준비를 철저히 했다. 혼자 갈 때보다는 숙소도 까다롭게 골랐고, 루트도 세밀하게 짰다. 혹시라도 친구를 고생시킬까 봐 교통편 역시 자세하게 알아보았다. 실은 나 혼자라면 음식에 연연해하지 않는 편이라 굳이 맛집을 찾아다니지도 않는다. 이때는 대만의 음식들을 맛보여줘야 한다는 의무감에 맛집을 방문했다. 덕분에 홀로여행과는 색다른 여행이 되었다.

초보 여행자일수록 준비를 탄탄히 하는 것은 매우 중요하다. 막상 여행을 가면 늘 돌발 상황이 생기기 마련이다. 이때 슬기롭게 대처할 수 있는 여유는 바로 준비에서부터 나온다. 그렇다고 너무 완벽한 준비에만 매달리지는 말자. 지나치게 많은 후기를 읽고 사진을 보면 호기심이 반감된다. 처음 와보는 곳인데도 왠지 한 번 와본 것 같은 느낌이 들 수가 있다. 여행의 장점인 기대감과 즉흥성이 떨어진다. 과하지 않게 적당히, 준비할 것.

반면 혼자 갔던 베트남여행은 아무런 계획도 세우지 않았다.

다낭 하루, 호이안 1주일 일정이었다. 그 여행은 그저 푹 쉬는 게 목적이었다. 그러기에는 작고 조용한 호이안이 제격이었다. 다른 여행자들은 몇 시간 잠시 들르는 호이안에서 나는 1주일을 늘어져 있었다. 숙소 주인과 직원, 매일 바뀌는 손님들, 골목에서 만난 현지인과 노닥거리고 동네를 어슬렁거리는 게 전부였다. 남들은 호이안에서 뭐 할 게 있냐고 하지만 나는 재밌기만 했다. 아무 계획 없이 마주하는 하루하루가 흥미진진했다. 신기하게도 매일 새로운 일이 벌어졌다. 손바닥만 한 호이안을 그렇게 구석구석 돌아다녀본 여행자는 흔치 않다.

*화려한 대도시를 선호하는가,
또는 조용한 중소도시가 맘에 드는가?

나는 대도시보다는 조용한 중소도시를 좋아한다. 대도시의 풍경이란 어딜 가나 비슷비슷하다. 활기차지만 복잡하고 시끄럽다. 어떤 나라를 여행하건 일단은 공항이 있는 대도시로 들어가야 하는 법. 가능하면 거쳐 가는 대도시 일정은 짧게, 주요 목적지인 소도시의 일정은 길게 잡는 편이다. 한 도시에서 한 달씩 머물렀던 유럽여행은 그래서 작은 도시들을 골랐다. 프랑스는 리옹, 스페인은 세비야, 독일은 드레스덴이었다. 소박한 사람들과 저렴한 물가, 조용함이 맘에 들었다.

반면 대도시의 장점도 무시할 수 없다. 편리한 교통과 각종 시설이 모여 있어 여행자로서는 선택지가 다양하다. 할 것도 많고 갈 데도 많으니 홀로여행일지라도 두렵지 않다. 다른 여행자를 만날 기회 또한 충분하다. 보편적으로 대부분의 여행자가 대도시를 선호한다. 서점에 가보면 가장 많이 팔리는 가이드북이 도쿄, 방콕, 타이베이, 파리, 런던, 바르셀로나 같은 곳이다. 그만큼 사랑받는 여행지라는 증거다.

이러한 대도시의 장점 때문에 나도 방콕을 가장 많이 방문했다. 방콕은 태국 국내뿐만 아니라 다른 동남아 도시들로 들고 나는 교통이 편리하다. 인터넷도 한국 수준으로 빠르고 여행 정보 찾기도 수월하다. 저렴한 게스트하우스부터 고급 호텔까지 모든 종류의 숙소가 준비되어 있다. 여행자 거리인 카오산 로드에 나가면 언제라도 다국적 여행자들을 만날 수 있다. 가히 배낭여행의 베이스캠프라 불릴 만하다.

***남들이 추천하는 코스대로 다니는 게 좋은가,**
아니면 발길 닿는 대로 다니기를 즐기는가?

여행 첫날은 유명 관광지 위주로 다니지만 다음날부터는 거의 내키는 대로 다니는 편이다. 파리에 갔을 때였다. 가는 날이 장날이라고 기차 파업에 홍수까지 겹쳤다. 주요 미술관들은 침수로 폐

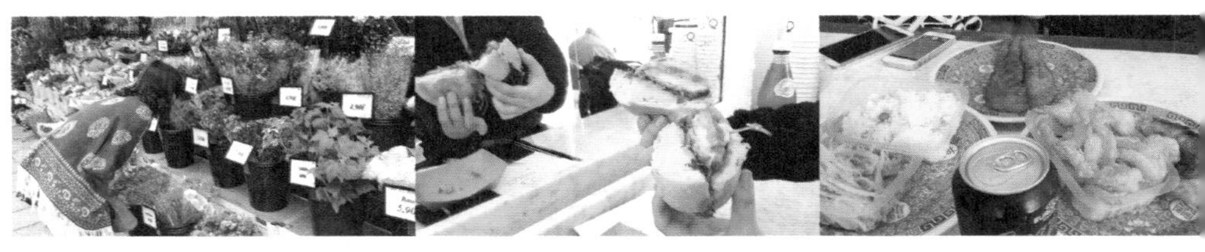

파리 어느 골목길 꽃집, 수제 햄버거, 중국식당

관되었고 파리 외곽으로 가는 기차 편도 운행하지 않았다. 즉 유명 관광지 대부분을 갈 수 없는 상황이었다. 한마디로 망했다.

당시 동행이었던 연재 씨와 나, 그렇다고 실망만 하고 있을 수는 없는 일. 그나마 두 사람의 취향이 잘 맞아서 다행이었다. 둘 다 목적지로 바로 가는 데에는 관심이 없었고 청개구리처럼 중간에 새는 걸 즐겼다. 기껏해야 하루에 겨우 한두 곳밖에 가질 못했다. 우리는 관광지 대신 작은 골목들을 찾아다녔다. 우연히 발견한 벼룩시장에서 엄지손가락만 한 찻잔을 사며 깔깔 웃었다. 근처에 있는 꽃집에 들어가 실컷 꽃구경을 하다가 작은 카페에서 수제 햄버거를 사먹었다. 모퉁이 슈퍼마켓에서 초콜릿을 사고 동네 중국식당에서 저녁을 먹었다. 사진을 보면 흐린 하늘에 회색 센 강이 흘렀지만 우리 얼굴은 꽃처럼 환했다. 코스대로 관광지를 전부 갔더라면 이렇게 재미있었을까?

한편 그곳이 첫 방문이라면 추천코스를 도는 것이 기본이다. 어느 나라 어떤 도시를 가건 국민루트라 불리는 기본코스가 있다. 관광명소가 된 데에는 다 그럴만한 이유가 있을 터이다. 하지만 명성만큼 내 마음에도 들지 아닐지는 경험해 봐야 아는 일.

아들과 갔던 미얀마여행. 우리가 짰던 코스는 이랬다. 양곤-만달레이-바간-껄로-인레 호수. 이른바 미얀마의 국민코스 되겠다. 양곤은 미얀마의 수도이고, 바간은 수천 개의 불탑이 모여 있는 오래된 유적지다. 만달레이는 사원이 많은 도시이고, 껄로는 산속 마을인데 이곳에서 인레 호수까지 가는 2박3일 트래킹이 인기 있다. 인레 호수는 미얀마의 거대한 호수로 발로 노 젓는 뱃사공이 유명하다. 이 중 만달레이를 제외한 나머지 도시들은 우리를 실망시키지 않았다. 만약 국민루트가 나를 배신한다면 과감하게 차버려도 괜찮다. 발 도장 찍는 데 의미를 두는 게 아니라면 남들이 만들어 놓은 코스에 지나치게 연연해할 필요는 없다.

*** 여행지에서 다양한 체험을 원하는가,**
아니면 한 가지 기술을 배우기를 원하는가?

많은 여행자들이 루트를 따라 다니며 이것저것 해보는 여행을 주로 한다. 스페인 세비야 여행에서 나도 그랬다. 하루는 대성당을 가고 다른 날은 플라멩코 공연을 보았다. 또 어떤 날은 봄 축제 구경을 갔다. 쇼핑을 한 날도 있었고, 근교 관광지로 당일치기 여행을 다녀오기도 했다.

이것도 좋지만 가끔은 진득하니 무언가를 배워보는 여행도 추

스페인 세비야 봄축제장

천한다. 나는 2014년 필리핀에서 8주 동안 어학연수를 했다. 다시 학생이 되어 하루 종일 영어만 공부하는 시간이 무척 소중했다. 학생 시절에는 '공부만 하는' 걸 힘들어 한다. 하지만 막상 어른이 되면 '공부만 해도' 되는 시절이 행복했음을 알게 된다. 공부 말고도 다른 할 일이 너무나 많으니 말이다.

이렇게 긴 기간이 아니더라도 여행 중 며칠 동안 요리수업을 듣거나 춤을 배울 수도 있다. 남편은 몇 년 전부터 스쿠버다이빙을 배웠다. 가끔 동호회 회원들과 며칠 동안 오직 스쿠버다이빙만 하는 여행을 다녀온다.

자, 이제 당신에게 맞는 찰떡궁합 여행지를 찾았는가? 아직도 잘 모르겠다고? 그렇다면 다음 여행지들을 참고하시라.

왕초보가 가기 좋은 여행지

왕초보가 가기 좋은 곳들은 여행난이도 1단계에 해당하는 지역들이다. 즉 여행하기에 가장 쉬운 곳들을 말한다. 기준은 직항(초보에게 경유는 부담스럽다)으로 갈 수 있으면서 한 도시 안에서 여행이 가능(굳이 다른 도시로 이동하지 않아도 되는 곳)하며 대도시인 곳이다. 지역을 선택하기에 앞서 성수기와 비수기 개념을 짚고 넘어가자.

성수기, 비수기, 그리고 중간기?

여행지를 선택할 때 날씨는 정말 중요한 요소다. 날씨가 알맞아 여행하기에도 좋으면 성수기, 여행하기에 불편할 만큼 날씨가 좋지 않다면 비수기다. 당연히 성수기 때는 사람들이 몰리고 물가도 최고로 비싸다. 성수기 여행은 미리 준비하고 계획해야 무리 없이 여행이 가능하다. 비수기는 날씨 탓에 여행하기 불편하지만 한가하면서 물가도 싸다. 하여 미리 준비하지 않아도 현지에서 해결할 수 있는 부분이 많다.

지역에 따라 성수기와 비수기가 조금씩 다르다. 보통 성수기는 여름방학·겨울방학·연말연시에 해당하고, 비수기는 장마철이나 우기에 해당한다. 동남아시아의 경우 여름방학은 우기 때라 비수기여야 하지만 실제로는 성수기다. 왜냐하면 전 세계의 학생들이 방학을 맞아 여행을 떠나는 시기이므로. 방학 때는 계절과 상관없이 성수기가 많다. 예외는 겨울방학 때의 유럽이다. 해가 일찍 지고 유명 관광지가 문 닫는 곳이 많아 겨울철 유럽은 비수기다.

여행은 무조건 성수기에 떠나는 게 좋을까? 꼭 그렇지는 않다. 비싼 물가와 함께 어딜 가나 붐비는 게 싫어서 일부러 비수기 여행을 선택하는 사람도 적지 않다. 성수기든 비수기든 자신의 취향대로 선택하면 된다. 만약 꼭 정해진 기간에 휴가를 가지 않아도 되는 조건이라면, 중간기를 권한다. 중간기는 성수기도 비수기도 아닌, 또는 약간은 성수기이면서 약간은 비수기인 시기를 말한다. 주로 봄, 가을이다. 2월말, 8월말 같은 성수기 끝물이나 3월초, 9월초 같은 비수기 초입도 이에 해당한다.

다음은 순서대로 **성수기**/**비수기**/**중간기**다. 주로 대도시이면서 관광도시인 곳과 한 나라의 수도인 곳이 많다. 한국인 여행자들이 가장 많이 방문하는 지역들이다. 동시에 초보 여행자들이 가장 많이 가는 곳이다. 하지만 초보 여행자라고 해서 꼭 이런 도시들만 가라는 법은 없다. 앞에서 이야기했듯이 자신의 로망인 곳으로 가거나 자신의 취향과 성향을 고려해서 얼마든지 다른 곳을 택해도 괜찮다. 선택은 자유다, 끌리는 대로 하시길!

●성수기 ●비수기 ●중간기

일본	오사카 교토	●3월말~4월초(벚꽃), 4월 29일~5월 5일(골든 위크), 11월 중순 ~12월초(단풍) ●장마(6월초~7월 중순) ●4~5월, 10~11월
	오키나와	4~10월, 해수욕 가능 ●7~8월, 6월 중순~10월 초순 ●장마(5월 초 · 중순~6월 초 · 중순) ●3~4월, 10월
	도쿄	●3월말~4월초, 10~11월 ●장마 ●4~5월
중국	북경	설날, 5월 1일, 10월 1일, 추석: 최성수기 ●9월말~11월초 ●한여름, 한겨울 안 좋다
	상해	●4월, 10~11월 ●우기(6~9월)
	칭다오	●7~8월(비) ●겨울 ●9~11월, 4~5월
대만	타이베이	●여름방학, 겨울방학 ●우기(5~9월) ●10~11월, 3~4월
태국	방콕	●11~3월, 4월 송끄란 축제 기간 ●우기(5~10월) ●10~11월, 3월
베트남	다낭.호이안	●여름방학, 겨울방학 ●태풍, 호우(10~11월) ●9월말~4월초
	하노이	●11~4월 ●우기(6~9월)
	호치민	●12~2월 ●우기(6~10월) ●3월, 11월
홍콩.마카오		●9월 하순~12월 상순 ●우기(5월 하순~9월 중순), 태풍(5~11월) ●1~4월
인도네시아	발리	●7~9월 ●우기(10~3월) ●4~6월
말레이시아	쿠알라룸푸르	●6~10월 ●우기(11~4월)
싱가포르		●4~9월 ●우기(10~3월), 3~5월(싱가포르 황사 Haze)
캄보디아	시엠립 (앙코르와트)	●10~2월 ●혹서기(3~6월), 우기(7~9월) ●10~11월

나만의 루트를 만들자

여행 정보 사냥법

여행할 도시가 정해지면 그곳에 대해 여러 가지 정보를 조사해야 한다. 우리가 여행 정보를 얻을 수 있는 경로는 가이드북, 여행 카페, 블로그, 관광청, 여행에세이, 여행 프로그램, 영화, 다큐멘터리 등이 있다.

특히 요즘 TV 여행 프로그램의 영향력이 높아서 한 번 TV에 나온 여행지는 바로 한국인 여행자들로 붐비게 된다. '꽃보다' 시리즈에 나온 라오스, 대만, 크로아티아 등은 이전과는 달리 한국인이 많이 찾는 인기 여행지가 되었다. 각국의 관광청에서는 한글로 서비스되는 홈페이지와 한국 사무소를 운영하기도 한다. 여기에서 무료로 배포하는 간단한 가이드북과 지도를 얻을 수 있다. 그러나 숙소, 교통, 루트, 맛집, 소소한 팁 같은 자세한 정보를 얻기에는 역시 시중에 판매되는 가이드북과 인터넷의 여행 카페를 활용하는 것이 효과적이다.

가이드북

전통적인 여행 정보 사냥법. 한국에서 배낭여행이 시작되었던 초창기 시절, 당시 가이드북인 『100배 즐기기』시리즈를 가져가면 '100배 헤매기'가 된다는 농담이 유행했다. 그 정도로 가이드북에 대한 신뢰도가 낮았다. 그러나 해외여행 자율화가 된 지 30년에 가까운 세월 동안 한국 가이드북 시장은 비약적으로 발전했다. 서점에 가보면 수십 종에 달하는 가이드북이 여행자의 선택을 기다리고 있다. 대부분 국내 저자가 일일이 발로 뛰어 만든 땀내 나는 정보서다. 서점에 가서 직접 책을 훑어보고 자신의 목적과 취향에 맞는 걸로 고르는 게 좋겠다.

가이드북에는 그 나라의 문화, 역사, 숙소, 교통, 루트, 음식, 맛집, 지도 등 종합적인 정보가 총 망라되어 있다. 여행의 전체적인 분위기를 파악하는 용도로 사용하기에 적당하다. 특히 한국인들이 많이 여행하는 지역(일본, 중국, 동남아, 유럽, 미주)의 가이드북은 정보도 풍부하고 우리 정서에 잘 맞게 구성되어 있다.

약간의 단점이라면 시기성이 떨어진다는 것. 보통 책이 만들어지기까지는 최소 6개월에서 1년이 걸린다. 즉 가이드북의 정보는 최소 6개월에서 1년이 지난 정보라는 이야기다. 그래서 막상 여행을 가보면 가이드북에 적혀 있는 숙소 가격이나 음식 값이 다른 경우가 있다. 책이라는 속성상 어쩔 수 없는 부분이다. 되도록 당해 연도에 출판된 책을 구입하길 권한다.

또 하나의 단점은 한국 가이드북이 안내하는 대로 다니다 보면 주로 한국인 여행자들만 만난다는 것. 예를 들어 가이드북에서 소개하는 맛집에 찾아갔더니 '손님의 팔 할이 한국인이었다.'라는 후일담은 매우 흔하다.

『론리 플래닛』

그래서 한국 가이드북이 아닌 외국 가이드북을 이용할 수도 있다. 전 세계 여행자들이 이용하는 인기 있는 가이드북으로 『론리 플래닛(Lonely Planet)』이 있다. 아들과의 세계여행 당시 우리도 항상 『론리 플래닛』을 들고 다녔다. 영어로 쓰여 있지만 각 나라의 언어로 번역되어 나온다. 영어 독해가 서툰 사람들은 한글 번역본을 이용하면 편리하다.

『론리 플래닛』은 우리나라 가이드북과는 구성이 사뭇 다르다. 일단 사진이 거의 없이 정보만으로 이루어져 있다. 또한 유명한 관광도시뿐만 아니라 작은 도시나 마을들까지 상세하게 소개한

론리 플래닛

다. 요즘은 대부분 구글 맵 같은 온라인 지도를 사용하지만 종이 지도를 이용하던 시절, 『론리 플래닛』은 지도가 정확하기로도 유명했다.

한글판의 아쉬운 점은 인기 있는 여행지만 나온다는 것. 한국인들이 대중적으로 가지 않는 도시들은 번역되어 있지 않다. 게다가 개정판 업데이트가 영어판보다 늦어서 최신판을 구하기가 쉽지 않다. 영어 독해가 가능하다면 영어판을 보는 게 낫다.

인터넷 여행 카페

가이드북의 시기성을 보완할 수 있는 유용한 도구는 인터넷 카페다. 네이버나 다음에 개설된 수많은 여행 카페에서 최신 정보를 얻을 수 있다.

〈내가 가고자 하는 여행지의 카페를 찾는 법〉

① '다음'이나 '네이버' 카페로 들어간다.

② '여행지+여행'이라고 입력한다. (예: 대만여행, 싱가포르여행)

③ 카페들이 나열된다.

④ 그중에 회원수가 가장 많은 카페에 가입을 한다. (보통 회원 수가 많은 순서대로 앞에 나와 있으니 찾기는 쉽다. 회원 수가 많은 카페가 그만큼 정보도 많다.)

웬만한 인기 여행 카페는 가이드북만큼 체계적으로 게시판이 정리되어 있다. 숙소, 교통, 루트, 맛집, 쇼핑, 동행 구하기, Q&A, 여행후기 등 거의 모든 정보를 포함한다. 어제, 오늘 올라온 따끈따끈한 최신 정보가 넘쳐난다. 이때 원하는 정보를 발견하면 바로 복사하거나 기록해 두어야 한다. 한 번 읽고 지나갔다가 나중에 다시 찾으려면 번거롭기 때문이다. 카페뿐만 아니라 인터넷에 떠도는 모든 정보는 검증되지 않은 개인적인 경험이다. 실수나 착오가 있을 수 있고, 현지 상황이 달라질 수도 있으므로 종합적으로 판단할 것.

유럽여행 카페 '유랑'

대만여행 카페 '즐거운대만여행'

세계여행 카페 '오불당 세계일주클럽'

〈대표적인 여행 카페〉

태국 및 동남아시아(태사랑), 대만(네이버 즐거운 대만여행),
일본(네이버 네일동, 다음 J여동), 중국(다음 중국여행동호회),
싱가포르(네이버 싱가폴사랑), 홍콩(네이버 포에버홍콩),
미얀마(네이버 미야비즈), 유럽(네이버 유랑),
유럽 자동차여행(네이버 유빙), 미국(네이버 나바호킴, 미여디),
인도(다음 인도방랑기), 터키(다음 터키배낭여행 터키사랑동호회),
세계일주(다음 오불당 세계일주클럽)

인터넷 카페 외에 블로그에서도 유용한 정보를 찾을 수 있다. 구체적인 검색어를 입력하면 수많은 포스팅이 쏟아져 나온다. 찾아보면 가이드북이나 카페에 나오지 않는 소소한 팁이나 후기 등도 유용하다. 어떨 땐 '이보다 더 자세할 수는 없다!'라고 외치고 싶을 정도다. 감사의 댓글을 잊지 말자.

초보라면 국민루트

이제 구체적으로 어떤 동선으로 다닐 것인지 루트를 짜야 한다. 그 여행지를 처음 방문하거나 자신이 초보 여행자라면 국민루트를 권한다. 어디에 가면 최소한 이러한 장소는 기본적으로 들러야 한다고 알려진 곳들이다. 그 도시의 랜드 마크, 대표적인 관광지 등이 국민루트에 포함된다. 쉽게 말해 모든 여행자가 일반적으로 다 가보는 곳이다.

파리를 예로 들어 보자. 파리를 처음으로 여행하는 사람이라면 대략 이런 곳들을 꼭 방문한다. 루브르 박물관이나 오르세 미술관을 관람하고 샹젤리제 거리를 걸어본다. 개선문을 구경하고 몽마르트 언덕에 올라간다. 에펠탑 앞에서 기념사진을 찍고 야경을 본다. 노트르담 대성당과 베르사유 궁전을 방문하고, 센 강에서 유람선 바토무슈를 탄다. 이 정도면 대표적인 파리 명소는 얼추 둘러본 셈이다.

<파리 국민루트>

노트르담 대성당, 퐁피두센터, 루브르 박물관 또는 오르세 미술관, 샹젤리제, 개선문, 에펠탑, 몽마르트 언덕, 베르사유 궁전, 바토무슈 탑승

파리 에펠탑

취향 따라 테마루트

위의 일반적인 루트를 따르지 않고 자신만의 취향과 관심사에 따라서 루트를 정할 수도 있다. 두 번째, 세 번째 방문이라 이미 기본적인 장소들을 가보았을 경우에 시도하면 좋다. 혹은 첫 방문이라도 일반적인 루트에 관심이 없거나 나만의 독특한 여행을 하고 싶을 때도 적절하다. 평소 그림에 관심이 많고 미술관을 좋아한다면, 한 번쯤은 예술에 흠뻑 젖어보는 여행을 계획해 보자. 국민루트가 아닌 미술관을 테마로 삼아 파리여행을 해보는 거다.

정문의 유리 피라미드로 유명한 루브르 박물관과 19세기 미술품을 주로 전시하는 오르세 미술관은 필수 중의 필수. 배수관과 가스관, 통풍구 등이 밖으로 노출된 컬러풀한 현대미술관, 퐁피두센터 역시 빼놓을 수 없다. 로댕의 전 작품과 그의 수집품이 전시되어 있는 로댕 미술관, 피카소의 작품을 가장 많이 소장하고 있는 피카소 미술관, 모네의 〈수련〉 연작과 인상주의 회화작품이 전시되어 있는 오랑주리 미술관, 프랑스의 대표적 상징주의 화가인 귀스타브 모로의 생가에 위치한 귀스타브 모로 미술관, 천장에 프레스코화와 화려한 거울의 방으로 유명한 베르사유 궁전 역사미술관, 가구·염직·도자기 등 일상생활과 관계 깊은 공예품을 전시하는 파리장식미술관 등 예술의 도시 파리는 미술관 여행을 하기에 더 없이 적합한 곳이다.

파리 오랑주리 미술관

〈파리 미술관 여행〉

루브르 박물관, 오르세 미술관, 퐁피두센터, 로댕 미술관, 피카소 미술관, 오랑주리 미술관, 파리장식미술관, 귀스타브 모로 미술관, 베르사유 궁전 역사미술관

한편 여행 내내 미술관만 보는 게 지루하다면 적당히 국민루트와 테마루트를 반반씩 섞는 것도 괜찮다. 여행에 있어서 정해진 법칙이란 없다. 내 입맛에 맞는 것, 나를 충족시키는 것, 그것이 최고의 여행법이다.

우리에겐 저가항공이 있다

저가항공이란?

대형 메이저 항공사와 반하는 개념으로 저비용 항공을 뜻한다. 영어로는 LCC(Low Cost Carrier). 기내식, 무료 위탁수하물 서비스, 공항 라운지, 마일리지 등 메이저 항공사에서 기본적으로 제공하는 서비스를 일체 하지 않는다. 쉽게 말해 목적지까지 딱 데려다 주기만 한다. 기본만 하면서 가격은 대폭 낮추었다. 그 외의 필요한 서비스가 있다면 그것만 따로 비용을 지불하게 한다.

〈한국인들이 많이 이용하는 저가 항공사〉

제주항공, 진에어, 티웨이항공, 에어부산, 에어서울, 이스타항공 – 국내 항공사

피치항공(Peach Aviation, 일본), 비엣젯항공(Vietjet Air, 베트남), 스쿠트(Scoot, 싱가포르), 타이거항공 타이완(Tigerair Taiwan, 대만), 세부퍼시픽항공(Cebu Pacific Air, 필리핀), 에어아시아(Air Asia, 말레이시아), 홍콩익스프레스항공(Hong Kong Express Airways, 홍콩), 부엘링 항공(Vueling Airlines, 스페인), 라이언에어(Ryanair, 아일랜드), 이지젯(EasyJet, 영국)

고수의 항공권 예약법

일반적인 항공권 예약법은 다음과 같다.

① 먼저 내 여행 스케줄을 정해 놓는다.

② 그 기간에 해당하는 저렴한 항공권을 찾는다.

그러나 고수들은 거꾸로 한다.

즉 항공권을 먼저 구하고, 그 다음에 여행계획을 세우는 것이다.

① 프로모션 기간에 저렴한 항공권을 확보한다.

② 나의 스케줄을 항공권 일정에 맞춘다.

정해진 기간에 무조건 휴가를 써야만 한다면 어쩔 수 없다. 하지만 휴가 조절이 가능하면 이 방법을 쓸 수 있다. 여행 경비 중 가장 많은 비용을 차지하는 것이 항공료와 숙박비다. 여행이 짧을수록 항공료가 전체 비용을 좌우한다. 항공권을 최대한 저렴하게 구입하는 것이 알뜰한 여행의 지름길이다. 저가항공의 진가는 바로 이 점에 있다.

2013년 봄, 유방암 치료를 마치고 아직 체력이 회복되지 않은 상태였다. 먼 곳은 힘들고 가볍게 가족여행을 하고 싶었다. 한국에서 출발하는 항공권 중 가깝고도 저렴한 곳이 어디일까 찾아보았다. 나의 레이더에 걸린 곳은 바로 칭다오. 무엇보다 항공료가 저렴해서 세 식구가 함께 움직여도 부담스럽지 않았다.

그렇다면 이쯤에서 드는 의문. 저가 항공사의 모든 항공권이 메이저 항공사보다 항상 저렴할까? 정답은 NO다. 할인을 적용받지 않은 항공권은 메이저 항공사 가격과 별반 다르지 않은 것도 있다. 그래서 저가항공의 장점을 누리려면 반드시 할인 항공권을 사야 한다. 즉 프로모션 기간에 구입해야 한다.

저가항공 즐기기

가능한 한 일찍 예약을 하는 게 원칙이다

일반적으로 3개월 전이 가장 저렴하다고 알려져 있다. 그러나 사람이 많이 몰리는 성수기라면 더 일찍 예약하는 게 안전하다. 일례로 여름방학 때 유럽을 여행한다면 최소 6개월이나 그보다 더 이전에 예약을 해야 저렴한 항공권을 구할 수 있다.

시기에 상관없이 고정적으로 할인 항공권을 제공한다

이번 프로모션을 놓쳤다고 너무 애석해 하지 말자. 정기적으로 프로모션을 진행하므로 다음번을 노리면 된다. 일부 항공사는 거의 1년 내내 할인행사를 하기도 한다.

성수기보다 비수기 구매가 더 저렴하다

조기구매보다 구매시기가 더 영향을 주기도 한다. 비수기가 더 저렴한 것은 당연지사.

이벤트 광고를 노려라

항공사 홈페이지 광고 창에 나오는 이벤트 항공권이 일반 검색으로 나오는 할인 항공권보다 저렴한 경우가 많다. 진짜 획기적으로 저렴한 가격을 원한다면 팝업창과 광고에 주목하라.

미리 회원가입을 해 놓아라

자주 이용하는 항공사에 회원가입을 해 놓으면 각종 이벤트 시작 전에 이메일로 정보를 미리 알려준다. 또한 일부 저가 항공사가 실시하는 마일리지 서비스도 이용할 수 있고, 회원들을 대상으로 하는 특별 이벤트에 참여할 수도 있다.

항공사 홈페이지를 수시로 확인하라

염두에 두고 있는 항공사 홈페이지를 수시로 들어가서 정보를 확인한다. 가끔 메이저 항공사임에도 저가 항공사만큼 저렴한 항공권이 나오기도 한다. 일종의 땡처리와 비슷한데 출발시간이 임박한 항공권이다. 예로 하루 이틀 뒤에 출발하는 제주도행 대한항공이나 아시아나 항공권이 3, 4만 원 대에 나오기도 한다.

프로모션을 알려주는 애플리케이션을 깔아라

각 항공사들의 할인 정보를 알려주는 애플리케이션으로 플레이윙즈, 고고씽, 에어노티 등이 있다. 휴대폰에 깔아 놓고 그때그때 체크하자. 이메일이나 홈페이지를 확인하지 않고도 앉아서 꿀팁을 얻을 수 있다.

플레이윙즈 앱

여행지역 인터넷 카페를 수시로 확인하라

카페에서는 각종 할인정보를 올려놓거나 공동구매를 진행하기도 한다. 단 공동구매는 신뢰할 만한 카페인지 반드시 따져볼 것.

언어설정을 바꾸면 유리하다

항공사 홈페이지의 언어 설정을 한국어로 하는 것보다 항공사의 자국어나 목적지 언어로 설정하면 유리하다. 목적지 국가로 홈페이지 설정을 하면 해당 국가에 대한 프로모션 정보가 보기 쉽게 정렬된다. 또한 할인 이벤트에 관한 정보가 더 많이 나와 있거나 할인 폭까지 차이가 나는 경우가 있다. 일부 저가 항공사는 국가 선택에 따라 항공권의 유무까지 바뀐다. 하지만 영어나 목적지 언어가 서투르다면 그냥 한국어로 할 수밖에 없다. 어쨌든 할인 기간에 표를 구하면 저렴하므로 너무 신경 쓰지 않아도 무방하다.

홈페이지보다 애플리케이션이 간단하다

대부분의 항공사가 애플리케이션을 운영하고 있다. 이것을 사용하는 것이 홈페이지보다 간단하고 편리하다. 애플리케이션에서만 진행하는 할인도 있다. 검색은 정보가 많은 홈페이지에서 하고, 예약은 애플리케이션에서 하는 것도 방법이다. 애플리케이션을 사용하면 모바일 체크인이 가능하다.

땡처리 항공권

여행사가 항공사로부터 확보한 좌석을 판매하지 못했을 때 나오는 저렴한 항공권. 갑작스럽게 떠나는 단기여행이라도 상관없다면 가장 저렴하게 항공권을 구입하는 경로가 되겠다. 그러나 대부분 출발날짜가 임박하고 유효기간이 매우 짧다. 가격만 보고 덥석 구입하기에는 무리라는 게 함정. 땡처리 항공권이 편도 요금보다 저렴하다면 편도로 이용할 수 있다.

각 여행사 홈페이지에 땡처리 항공권 코너가 따로 있다. 혹은 땡처리닷컴, 땡처리항공닷컴에서 구입 가능하다.

저가항공 주의사항

시간대가 중요하다

보통 주말(금, 토)에 출발하는 항공권이 비싸다. 반대로 평일(화, 수)과 새벽, 늦은 밤에 출발하는 항공권이 저렴하다. 또한 컴퓨터를 많이 사용하는 주말, 저녁 시간에는 가격이 올라갔다가 업무를 하는 평일 낮 시간대에는 가격이 다시 떨어지는 항공사도 있다.

무조건 싸다고 다 좋을까?

최저가로 항공권을 구입하면 무척 뿌듯하다. 그러나 그게 다는 아니다. 최저가보다 '자신에게 무리 없는 시간대인가'를 점검해야 한다. 예를 들면 내 경우, 밤에 잠을 충분히 자지 못하면 며칠 동안 피곤이 풀리지 않는다. 이렇다 보니 새벽에 출발하는 비행기는 피한다. 또한 밤에 비행기를 타면 잠을 도통 이루지 못한다. 역시 한밤중에 출발하는 비행기도 가능하면 타지 않으려고 한다.

한마디로 잠자리가 예민하다. 그래서 낮에 이동하고 밤에는 집이나 숙소에서 편안히 자는 쪽을 선택한다. 그래서 나의 까다로운(?) 특성에 맞는 항공권 중 최대한 저렴한 것을 구입한다. 물론 나와 다르게 강철체력의 소유자라면 아무 때나 최저가인 것을 구입하면 된다. 오히려 밤비행기를 타면 숙박비까지 절약되므로 일석이조다. 이런 분들, 진정 부럽다.

또 최저가 항공권은 저렴한 만큼 따라붙는 조건이 불리하다. 일단 유효기간이 짧다. 출발과 도착 날짜 변경이 불가능하거나 변경하려면 높은 수수료를 물어야 한다. 취소할 때도 엄청난 수수료를 부담해야 한다. 경유 시 무료로 제공되는 스톱오버 비용이 따로 청구되거나 아예 불가능할 수도 있다. 그러므로 일단 최저가 항공권을 구입하면 계획을 변경하지 말아야 한다. 혹은 여행계획이 완전히 확정된 뒤에 최저가 항공권을 구입해야 한다.

수하물 규정을 확인하라

항공사마다 기내 수하물과 위탁 수하물 규정이 다르다. 흔히 기내용 캐리어는 20인치나 21인치면 문제없겠거니 생각하지만 정확하게 확인해야 한다. 가로×세로×깊이의 수치와 개수, 무게 등이 규정되어 있다. 대충 눈대중으로 보지 말고 규정에 맞는지 미리 확인하라. 한국 항공사는 조금 초과해도 봐주기도 하지만 외국 국적의 저가 항공사는 수하물 규정이 매우 엄격하다. 체크인 시 초과되면 비싼 수수료가 붙는다.

일찍 탑승하는 게 좋다

저가 항공사는 대부분 위탁 수하물이 유료다. 가능한 짐은 기내 수하물로 들고 타는 게 비용을 절약하는 방법이다. 이렇다 보니 기내 수하물 양이 많다. 일찍 탑승해야 내 좌석 근처에 짐을 실을 수 있다. 만약 늦게 탑승하면 내 좌석으로부터 먼 곳에 짐을 놓을 수밖에 없다. 비행기에서 내릴 때 줄 서 있는 사람들 틈을 비집고 짐을 찾아와야 하므로 불편하다.

웹(모바일) 체크인이 편하다

우리나라 항공사의 경우 반드시 웹(모바일) 체크인을 미리 하지 않아도 된다. 그래도 하고 가면 확실히 시간이 절약된다. 특히 위탁 수하물이 없다면 바로 출국장으로 직행할 수 있다. 일찍 와서 줄서서 기다려야 하는 불편에서 해방된다. 요즘에는 가능하면 웹(모바일) 체크인을 권장하고 있다.

2017년 3월에 제주항공을 타고 제주도에 갈 때였다. 휴대폰에 제주항공 애플리케이션을 깔지는 않았지만 카톡으로 모바일 체크인을 할 수 있었다. 마침 기내 캐리어만 들고 가서 정말 편했다.

저가 항공사 중에는 웹(모바일) 체크인이 필수인 곳들이 있다. 유럽에서 가장 많이 이용하는 이지젯과 라이언에어가 그런 경우다. 만약 공항에서 직접 체크인을 하면 엄청난 수수료를 내야 한다. 반드시 미리 웹(모바일) 체크인 조건을 확인하자. 체크인한 보딩패스는 종이에 출력을 해가는 게 좋다.

연착을 자주 한다

어떤 항공사라도 연착을 하지만 저가 항공사는 더욱 자주 연착한다. 저가 항공사를 선택할 때 안전 면에서 염려를 많이 하지만, 실제로 현실적인 문제는 잦은 연착에서 비롯된다. 일단 기본적으로 연착을 하려니 생각하는 게 정신건강에 이롭다.

그동안 나는 에어아시아를 11번 탔는데, 그중 7번을 연착했다. 저가 항공사를 선택할 때는 후기를 검색해 보자. 후기가 지나치게 부정적인 항공사라면 재고해 보아야 한다.

항공 이동을 하는 날은 연착을 대비해서 앞뒤로 여유시간을 넉넉하게 잡아야 한다. 비행기에서 내리자마자 바로 다른 교통수단을 예약해 놓는 것은 피한다. 만에 하나 돌발 상황이 생기면 뒤의 일정들이 전부 틀어질 수 있기 때문이다.

문제가 생겼을 때는 저가 항공사가 메이저 항공사보다 대책이나 처리에서 미흡한 게 사실이다. 그럼에도 불구하고 저가 항공사를 선호하는 이유는 모든 단점을 상쇄하고 남을 만큼 획기적으로 저렴한 가격에 있다.

항공 이동시 걸리는 전체시간을 고려하라

보통 항공 이동을 하면 시간이 많이 절약된다고 믿는다. 물론 사실이지만 상황에 따라 다를 수도 있다. 단순히 비행시간만 계산할 게 아니다. '도어 투 도어'로 따지면 항공 이동시 최소한 5시간 이상 걸린다. 즉 집에서 공항까지 가는데 1시간이나 그 이상이 걸리고, 기본 2시간 전에는 공항에 도착해야 한다. 비행시간이 최소한 1시간 이상, 목적지 공항에 도착해서 입국수속을 밟고 짐 찾는데 최소한 1시간 이상, 공항에서 숙소까지 가는데 최소한 1시간이 걸린다. 비행시간을 최소한인 1시간으로 잡아도 5시간 이상, 2시간이라면 6시간 이상이다. 여기에 운이 나빠 연착이라도 한다면 시간은 더욱 초과된다. 게다가 출국과 입국하는 데 감수해야 하는 번거로운 절차까지 포함한다.

일반적으로 도시 외곽에 위치한 공항에서 숙소로 가는 시간보다 도심에 있는 기차역이나 버스터미널에서 숙소로 가는 시간이 훨씬 덜 걸린다. 만약 같은 상황에서 기차나 버스를 이용하는 경우 5시간 정도쯤 걸린다면 나는 차라리 그편을 선택한다. 번잡한 출입국 절차도 필요 없고 전체 소요시간은 비슷하기 때문이다. 이때 기차 값이나 버스 값이 항공료보다 저렴하다면 금상첨화다. 반대로 항공료가 더욱 저렴하다면 비행기를 탄다.

이렇게 여러 가지 조건을 종합적으로 고려해서 교통수단을 결정하자. 사실 무엇보다 신경써야 할 조건은 자기 취향에 맞는가이다. 비싸더라도 '나는 무조건 비행기가 더 좋다'라면 그대가 원하는 대로 하시라. 인생에 정답이 없듯 여행에도 정답은 없으니까.

공항 위치를 확인한다

항공사마다 취항하는 공항이 다르다. 우리나라에도 인천공항으로 들어오는 비행기가 있고, 김포공항으로 들어오는 비행기가 있다. 저가 항공사들은 보통 메이저 공항보다 작은 마이너 공항을 이용하는 경우가 많다. 반드시 공항의 위치와 연결 교통편을 파악해 둔다. 구글 맵에 공항 이름을 검색하면 위치를 쉽게 확인할 수 있다. 교통편은 각 공항 홈페이지에서 안내하고 있다. 보다 편한 방법은 포털 사이트에서 항공사와 공항 후기를 검색해 보는 것이다. 나보다 먼저 다녀간 블로거들의 친절하고 상세한 포스팅이 쏟아져 나온다.

비행기 좌석 선택법

통로 자리가 진리

처음 비행기를 탈 때는 나도 창가 자리를 선호했다. 하늘에서 내려다보는 땅의 모습이 지도처럼 변해가는 것과 탁 뛰어내리고 싶을 정도로 폭신해 보이는 구름을 구경하는 재미가 있다. 그러나 장거리비행이나 밤비행이라면 무조건 복도 자리를 사수한다. 이유는 다들 짐작하듯이 화장실 때문. 나이가 들수록 화장실 가는 횟수가 늘어났다. 설상가상으로 2011년 세계여행 때 방콕에서 급성방광염에 걸려버렸다. 이후로 화장실에 더욱 자주 간다. 창가 쪽이나 가운데 자리에 갇혀 있으면 화장실 갈 때마다 옆 사람에게 비켜달라고 부탁해야 한다. 더구나 그 사람이 자고 있으면 몹시 곤란하다. 참다 참다 결국 옆 사람을 흔들어 깨울 때의 미안함이란!

복도자리의 장점은 그뿐만이 아니다. 비행시간이 길면 가끔 일어나 통로를 걸을 수도 있다. 또한 어깨와 팔을 움직일 수 있는 공간이 더 넓다. 승무원에게 뭔가를 부탁하기에도 복도 자리가 편하다.

나는 제주도를 갈 때조차 무조건 통로 자리를 선호한다. 왜냐하면 비행시간이 겨우 1시간이지만 일단 승객들이 자리에 앉으면 대부분 자기 때문이다. 시간 맞춰 나오느라 일찍부터 서둘렀기 때문에 피곤한 것이다. 가끔은 그 1시간 안에 화장실을 가게 될 수도 있으니 나에게 복도 자리는 항상 진리다.

누워 가도 된다?

비수기 때는 종종 만석이 아닌 비행기를 만난다. 밤 시간, 비행기가 이륙을 하고 난 뒤 안전벨트 사인이 꺼지면 뒤쪽을 슬쩍 가본다. 뒷좌석은 보통 맨 나중에 채우기 때문에 뒤쪽으로 갈수록 남는 자리가 있다. 두세 자리가 연속으로 비어 있으면 얼른 자리를 차지하고 누워라. 편안하게 누워서 갈 수 있는 절호의 기회다. 이런 경우 승무원이 별달리 제재하지 않는다.

체크인은 일찌감치

친구나 가족과 함께 하는 여행의 경우, 당연히 나란히 앉아 가고 싶다. 그런데 간혹 할인 항공권이나 단체 항공권 중 발권할 때 자리지정이 안 되는 경우가 있다. 이럴 때는 체크인을 일찍 해야 붙은 좌석을 확보한다. 얼리버드는 역시 손해 보지 않는 법.

경유와 스톱오버

항공권을 구입할 때는 두 가지 선택이 있다. 목적지까지 한 번에 가는 직항이냐, 갈아타야 하는 경유냐. 일반적으로 경유하는 항공권이 직항보다 저렴하다. 직항은 크게 신경 쓸 일이 없지만 경유를 한다면 아래의 개념을 알아두는 것이 좋겠다.

환승(Transfer)

경유지에서 다른 항공편으로 갈아타는 것. 초보 여행자들에게 경유는 조금 부담스러운 게 사실이다. 그래도 한번 경험해보면 그리 어렵지 않다. 비행기에서 내려 Transfer 글씨를 잘 따라 가다가 환승 게이트를 찾으면 된다. 대체적으로 국제공항에서 다른 국가로 이동할 때는 입국절차 없이 보안검사만 한다. 혹시 모를 연착과 돌발 상황에 대비해 환승 시간은 2시간 이상 잡아야 안전하다. 미국, 중국 등의 국제공항에서는 입국심사를 하기 때문에 시간이 더 걸린다. 이런 곳들은 대기 시간을 최소한 3시간 이상으로 잡는 게 낫다. 대기 시간이 길지 않으면 보통 공항 안에서 기다리다가 비행기를 갈아탄다.

레이오버(Layover)

환승 시 경유지에서 24시간 이내로 체류하는 것. 경유시간이

5~6시간 이상이라면 공항 안에서 기다리기가 무척 지루하다. 이럴 땐 공항 밖으로 나가 잠시 시내를 둘러보고 오자. 입국심사 후 공항 밖으로 나갈 수 있다. 이러려면 반드시 환승(Transfer) 게이트가 아닌 입국(Arrival) 게이트로 나와야 한다. 입국카드에 Transit 항목을 체크하고 경유 항공권을 보여주면 된다. 위탁 수하물은 다음 비행기로 자동 연결된다. 대기시간이 5~6시간 이상인 환승객을 대상으로 공항에서 운영하는 트랜짓 투어를 이용하면 편리하다. 카타르항공(도하), 싱가포르항공(싱가포르), 터키항공(이스탄불)은 무료 시티투어 프로그램을 운영하고 있다. 시내 투어 후 다시 출국수속을 할 때 공항세, 출국세 등을 지불하는 경우도 있다. 이밖에 개별적으로 시내에 나갔다 오려면 대기시간이 7~8시간 이상이어야 안전하다. 투어보다 이동시간이 더 걸리므로 현실적으로 5~6시간은 빠듯하기 때문이다.

스톱오버(Stopover)

환승 시 경유하는 도시에서 24시간 이상 체류하는 것. 이러면 한 번에 목적지와 경유지를 모두 여행할 수 있다. 각기 여행을 하는 것보다 비용을 아끼는 방법이다. 경유를 하는 모든 항공권이 스톱오버를 할 수 있는 것은 아니다. 항공사 규정에 따라 1~2회 무료로 제공하기도 하고 추가요금을 받기도 한다. 따라서 항공권을 구입할 때 발권조건을 정확히 살펴봐야 한다.

스톱오버를 하고 싶다면 항공권을 발권할 때 미리 신청해야 한다. 결제 전에 여행사에 전화나 1:1 상담, 이메일 요청은 필수다. 아무래도 말이 통하는 국내 여행사가 편하다. '와이페이모어'는 홈페이지에 스톱오버 선택기능이 있어 굳이 따로 연락하지 않아도 된다. 저가항공의 경우 스톱오버를 적용하면 요금이 추가되어 비싸질 수도 있다.

해외 사이트에서 항공권을 구입한다면 영어로 스톱오버 신청을 하기가 부담된다. 이럴 땐 중간에 한 번 더 여정을 추가할 수 있는 다구간 항공권이 대안이 될 수 있다. 다구간 요금이 왕복 요금보다 저렴하거나 비슷하다면 스톱오버와 같은 효과를 낸다.

위탁 수하물은 찾아서 나갔다가 들어올 때 다시 부쳐야 한다. 또한 비자가 필요할 수도 있으니 미리 확인한다. 중국은 스톱오버 시 72시간 무비자 체류가 가능하다.

우리나라 여행객들이 가장 많이 거쳐 간 스톱오버 도시는 홍콩이다. 그밖에도 파리, 프랑크푸르트, 싱가포르, 로마, 런던, 방콕, 도쿄, 모스크바, 샌프란시스코 등이 인기 있는 경유지다.

통과(Transit)

비행기를 갈아타지 않고 경유하는 것. 비행기의 유지보수를 위해 잠시 쉬는 시간이라고 생각하면 된다. 이때는 비행기가 중간 경유지에 들러 다른 승객을 태우거나 승무원을 교대한다. 급유, 급식, 기내청소를 하기도 한다. 승객들은 비행기 안에서 대기하거나 공항에서 대기할 수도 있다. 통과로 공항에 내릴 때는 **트랜짓 카드**(Transit Card)를 받고 **트랜짓 대기실**(Transit Point, Transit Area)에서 기다린다. 기내 수하물은 승객이 챙겨야 하지만 위탁 수하물은 신경 쓰지 않아도 된다.

항공권 예약 사이트

가격비교 사이트

항공권 예약은 기본적으로 각 항공사의 홈페이지에서 할 수 있다. 그러나 저렴한 항공권을 비교해 보려면 가격비교 사이트를 통하는 것이 편리하다. 해외 가격비교 사이트로는 **스카이스캐너**와 **구글 플라이트**, **카약**이 유명하다. 모두 한글 홈페이지를 운영하기에 영어에 자신이 없더라도 걱정 없다. 메이저 항공사뿐만 아니라 저가항공사를 포함하고, 다양한 여행사의 항공권 가격까지 비교해 준다. 국내 가격비교 사이트로는 **티몬 항공권**, **네이버 항공권** 등이 있다. 당연히 가격비교 사이트에서 직접 항공권 예약을 할 수는 없다. 대신 가격비교 된 각 항공사와 여행사를 누르면 바로 연결해 준다.

여행사 사이트

인터파크투어, 하나투어, 와이페이모어, 온라인투어 등.

항공권을 예약할 때는 가격비교 사이트만 맹신해서는 안 된다. 간혹 스카이스캐너에 안 잡히는 더 저렴한 항공권이 인터파크투어나 하나투어에 있을 수도 있기 때문이다. 따라서 가격비교 사이트와 여행사를 모두 포함하여 두세 군데 이상을 살펴보면 보다 저렴한 항공권을 구할 수 있다.

항공권 예약 따라 하기

스카이스캐너 따라 하기

대표적 가격비교 사이트인 스카이스캐너 사용법을 알아보자. 인터넷 검색창에 스카이스캐너 혹은 www.skyscanner.co.kr을 쳐서 홈페이지에 들어간다.

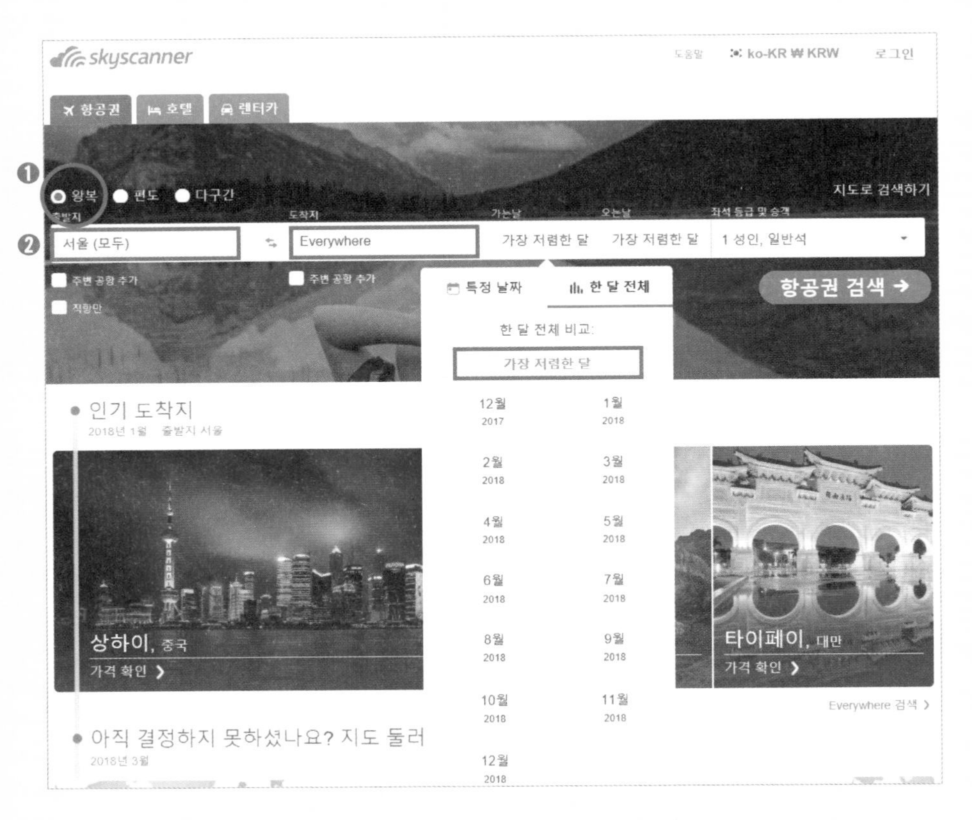

❶왕복, 편도, 다구간 중에서 원하는 항목을 선택한다. 가장 많이 이용하는 '왕복'에 체크하기로 한다.

❷그 다음 출발지와 도착지에 가고자 하는 도시를 선택한다. 아직 어디를 갈지 결정하지 못했다면 출발지에 '서울(모두)', 도착지에 'Everywhere'를 넣어보자.

가는 날, 오는 날에는 '특정 날짜'를 눌러서 선택을 한다. 아직 여행 날짜가 정해지지 않았다면 '한 달 전체'를 눌러 원하는 달을 선택하거나 '가장 저렴한 달'로 설정해도 된다. 보다 저렴한 항공권을 찾으려면 '특정 날짜'를 지정하는 것보다 '한 달 전체'를 살펴보는 게 편리하다.

그러면 대한민국을 비롯해 중국, 말레이시아, 북마리아나 제도, 대만 순으로 한국에서 출발하는 전 세계의 도시들이 나열된다.

그중 '태국'을 선택하면 방콕을 비롯한 여러 개의 도시가 나온다.

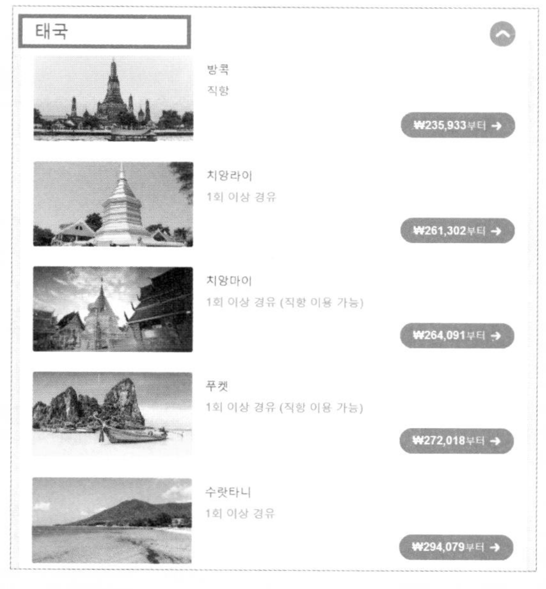

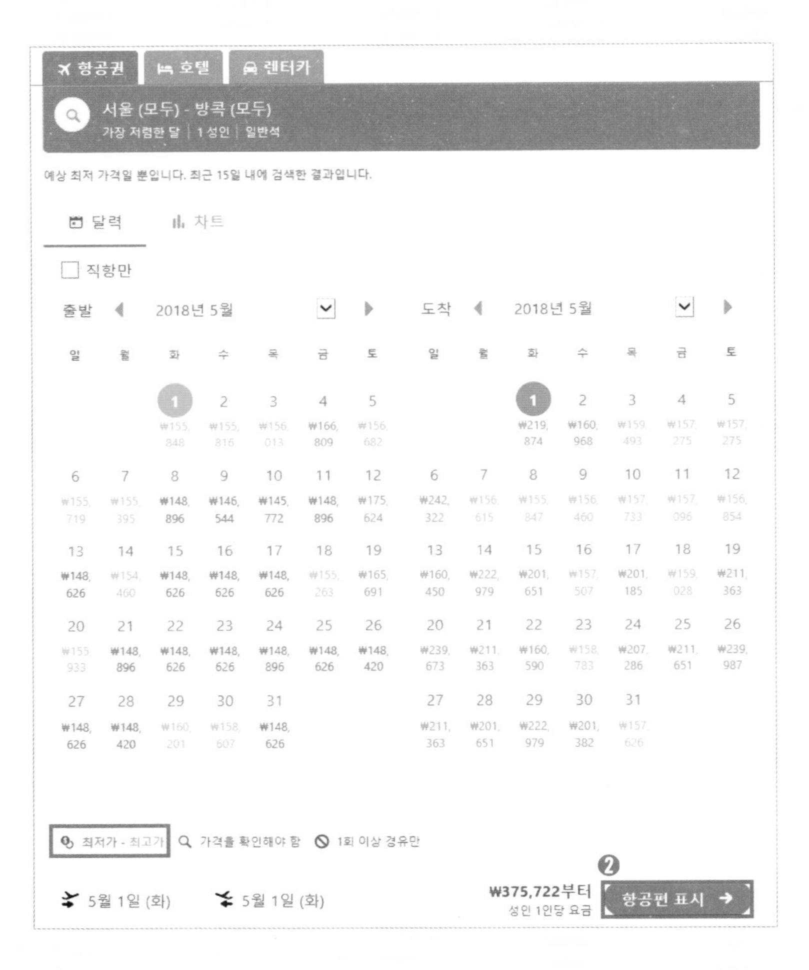

❶'방콕'을 누르면 2017년 12월 16일 기준 가장 저렴한 달로 '5월'이 나오면서 날짜별로 최저가에서 최고가까지 초록-노랑-빨강 색으로 가격이 적혀 있다.

❷그중 맘에 드는 날짜를 선택하여 아래쪽 '항공편 표시'를 누른다.

❶최적가, 최저가, 최단여행시간으로 정렬되는데, 정렬 방식은 원하는 대로 선택하면 된다. 왼쪽을 보면 경유, 출발시간대 설정, 총소요시간, 항공사, 공항 등의 항목이 나온다. 역시 원하는 조건대로 체크하면 나에게 더 적합한 항공권을 찾을 수 있다.

예를 들어 '직항'을 원한다면 1회 경유와 2번 이상 경유 항목 체크를 해제한다. '가는날 출발시간'을 최소한 아침 8시 이후로 하고 싶다면 왼쪽 동그라미를 오른쪽으로 끌어당겨 8시에 맞춘다. '오는날 출발시간' 역시 같은 방식으로 조정할 수 있다. 원하는 항공사만 선택할 수도 있고, 원하는 공항을 선택할 수도 있다.

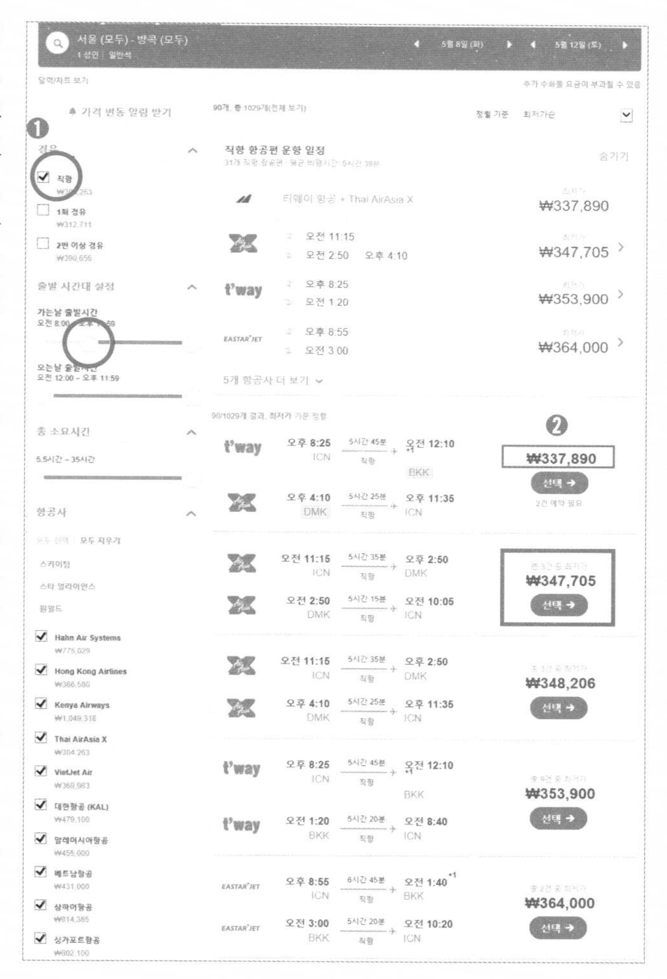

❷맨 위에 자리한 티웨이 항공 + 에어아시아 X 가 가장 저렴하다. 하지만 출발 시간이 오후 8시 25분으로 첫날을 효율적으로 쓸 수 없다는 단점이 있다. 기왕이면 아침에 출발하는 비행기로 골라보자. 그 아래의 에어아시아가 오전 11시 15분에 출발한다.

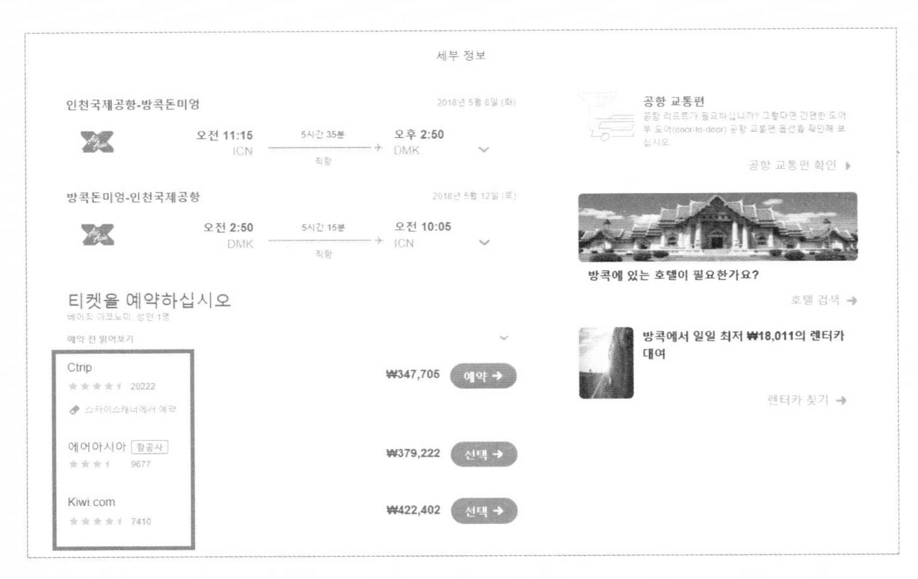

에어아시아 '선택'을 누르면 하얀 박스 안에 '내 항공권 세부정보'가 뜬다. 가는 날, 오는 날 항공편을 눌러 일정을 확인하고 아랫부분을 보면 이 표를 파는 항공사와 사이트가 나온다.

<에어아시아 애플리케이션으로 예약 따라 하기>

그중 '에어아시아'를 눌러 보겠다. 바로 에어아시아 홈페이지로 연결된다. 여기서 예약을 해도 되지만 더 편리한 휴대폰 애플리케이션을 이용해 보자. 휴대폰에 에어아시아 애플리케이션을 설치한 후 로그인을 하면 다음과 같은 화면이 나온다.

왼쪽의 '항공편 검색'을 누른다.

❶'출발'란에 서울, '도착지'란에 방콕을 설정하고 아래쪽 '날짜 선택'을 누른다.

❷'가는 날'에 5월 8일, '오는 날'에 5월 12일을 설정하고 '검색'을 누른다.

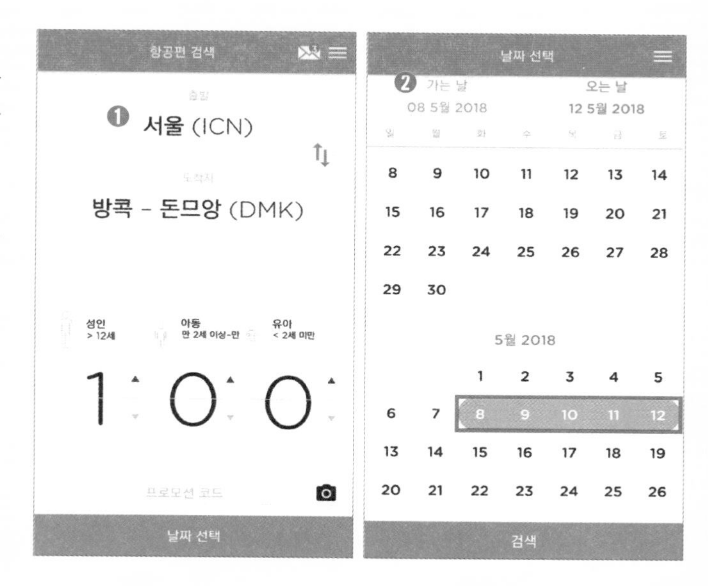

그러면 '항공편 시간'을 선택할 수 있다. 가는 날에는 아침에 출발하는 11시 15분 항공편을, 오는 날에는 오후에 출발하는 16시 10분 항공편을 선택한다.

※이때 '밸류팩'으로 업그레이드하면 나중에 부가서비스를 따로 선택하지 않아도 된다. 밸류팩과 따로 추가하는 부가서비스의 가격은 서로 비슷하다. 물론 굳이 원하지 않으면 추가하지 않아도 된다.

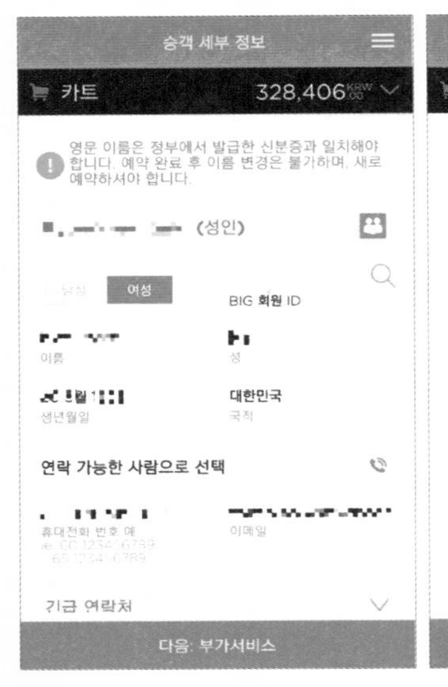

❶ '승객 세부 정보'에서 영문 이름과 성, 생년월일을 확인하고 하단에 '부가서비스'를 누른다.

❷ 20kg부터 위탁 수하물 추가가 가능하다. 그밖에 기내식, 좌석선택, 여행자 보험, 휠체어 서비스 등을 선택할 수 있다. '수하물' 칸을 눌러 왕복 20kg 수하물을 추가해 보자.

오른쪽 상단의 X를 누르면 결제 내역이 나오면서 이전에 결제했던 카드 번호가 저장되어 있다.

처음이라면 카드번호를 입력하고 결제를 한다. 그러고 나면 예약번호가 적힌 확인메일이 날아온다. 이것을 출력해서 가져간다.

항공권 예약은 실제로 해보면 그리 어렵지 않다. 한 번도 안 해봤기 때문에 겁나는 것이지, 두 번째부터는 쉬워진다. 왕복 예약에 자신이 붙었다면 다구간 항공권 예약에도 도전해 보자.

〈스카이스캐너로 다구간 항공권 예약 따라 하기〉

하나의 예약번호 아래 여러 개의 항공권을 묶는 것. 단순 왕복이 아닌 여러 나라를 여행할 때는 다구간 항공권을 이용하면 편리하다. 유럽여행처럼 국경 이동을 많이 할 때 사용한다.

첫 번째, 인 아웃 도시를 달리 하는 방법

'한국-인 도시, 아웃 도시-한국'과 같은 식으로, 유럽처럼 한 번에 여러 나라를 여행할 때 주로 선택한다. 인 아웃이 같은 왕복을 구매하면 나중에 출발도시로 다시 돌아와야 한다. 이러면 거리도 멀고 비용도 들고 번거롭다. 그럴 때 여행이 끝나는 도시로 아웃을 설정하면 그 모든 단점이 해결된다.

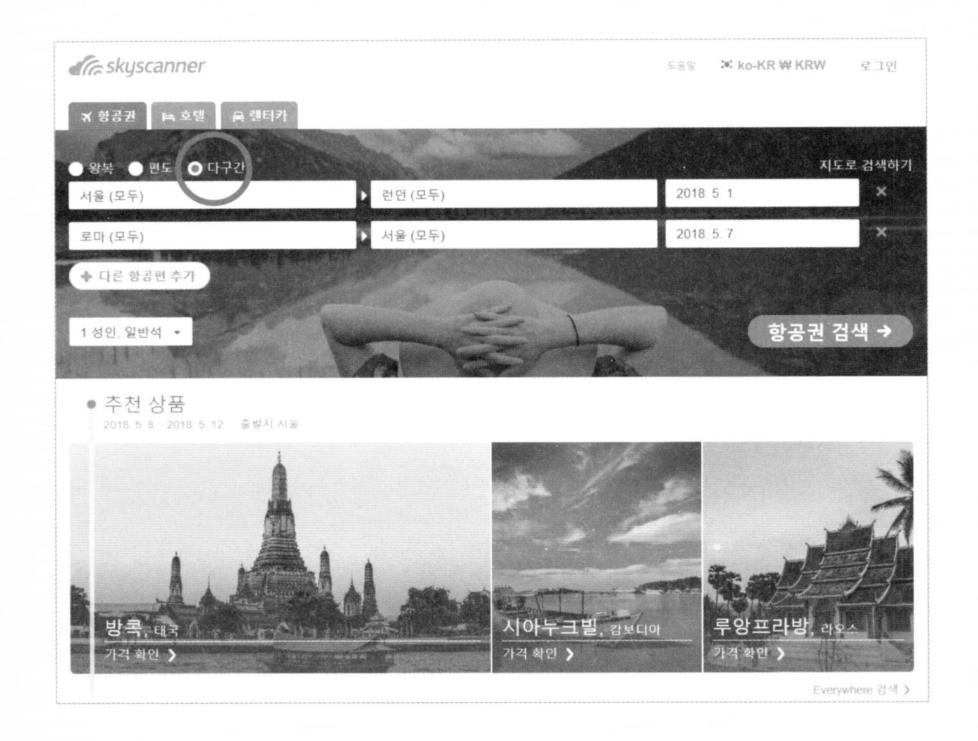

스카이스캐너 홈페이지에서 왕복, 편도, 다구간 중에서 '다구간'을 선택한다. 그럼 왕복과 달리 두 줄의 빈 칸이 뜬다. 여기서 들어가는 도시와 나가는 도시를 다르게 설정할 수 있다. 런던으로 들어가 로마로 나오는 여정을 만들어 보겠다. 첫 줄에 출발지 서울(모두)-도착지 런던(모두)으로 하고 날짜를 선택한다. 다음 줄엔 출발지 로마(모두)-도착지 서울(모두)로 하고 날짜를 선택한다. 그 다음 항공권 검색을 누른다.

아까와 마찬가지로 최저가, 최적가, 최단여행시간에 따른 항공권이 정렬된다. 이후 예약방법은 왕복 때와 동일하다. 아무래도 가격은 왕복보다 올라간다. 이 경우는 런던에서 로마 사이에 여러 도시를 들러 갈 수 있다. 두 도시 사이의 이동수단은 보통 기차나 다른 저가항공을 이용한다.

두 번째, 인 아웃 두 개의 도시를 같은 항공권으로 연결하는 방법

'한국-인 도시-아웃 도시-한국'과 같은 식으로, 런던으로 들어가고 로마로 나올 때 런던에서 로마까지 비행 여정을 하나 더 추가하는 것이다. 런던과 로마 두 도시만 여행한다면 이 방법이 좋다.

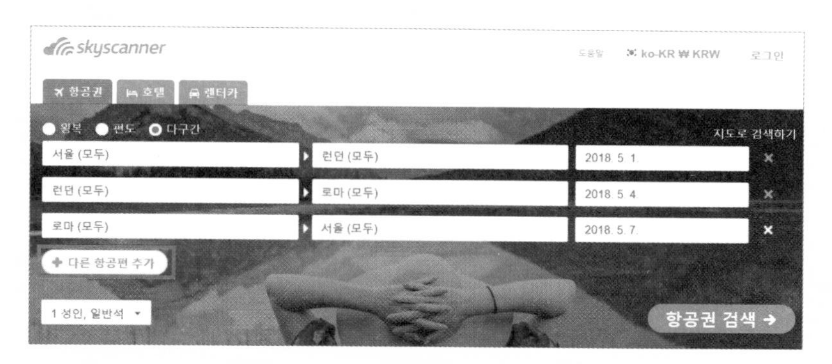

'다구간'을 선택한 뒤 '다른 항공편 추가'를 누르면 빈 칸이 세 줄로 늘어난다. 첫 줄에 출발지 서울(모두)-도착지 런던(모두)으로 하고 날짜를 선택한다. 두 번째 줄에 출발지 런던(모두)-도착지 로마(모두)로 하고 날짜를 선택한다. 마지막 줄엔 출발지 로마(모두)-도착지 서울(모두)로 하고 돌아오는 날짜를 선택한다(가격이 왕복과 비슷하거나 저렴하면 스톱오버와 같은 효과를 낸다).

세 번째, 중간에 원하는 만큼 여러 개의 여정을 추가하는 방법

'한국-인 도시-다른 도시-아웃 도시-한국' 식으로, '다구간'을 선택한 뒤 '다른 항공편 추가'를 계속 누르면 빈 칸이 네 줄, 다섯 줄로 늘어난다. 두 번째와 마찬가지로 원하는 도시를 추가하면 된다.

그러나 주의해야 할 점은 바로 가격! 다구간을 편성할 때 같은 항공사나 제휴항공사 노선을 1순위로 찾는다. 기본적으로 하나의 예약번호로 묶기 때문에 같은 항공사나 제휴항공사가 아니면 가격이 무척 비싸진다. 그래서 이렇게 여러 개의 구간을 연결하면 실제로는 가격 면에서 그다지 유리하지 않다.

우리의 목적은 최대한 저렴한 항공권을 찾는 것이다. 그러려면 날짜와 인 아웃 도시, 중간 도시들을 다양하게 조합해 보고 손품을 많이 팔아야 한다. 이 과정에 노력과 시간이 적잖이 걸린다. 쉽지 않은 게 사실이다. 다구간으로 연결이 된다 한들 지나치게 가격이 비싸다면 굳이 다구간을 선택할 이유가 없다. 이런 경우 현실적으로 다구간보다는 편도로 이어주는 게 훨씬 저렴하게 나온다.

이런 점을 감안해 보다 편리하게 다구간 항공권을 검색하는 서비스가 나오고 있다. 여행박사, 브링 프라이스는 순서에 상관없이 여행하고 싶은 도시들을 기입하면 여러 가지 일정을 추천해 준다. 편리하긴 한데 역시 가격 면에서는 고민이 필요할 듯싶다.

결론적으로 왕복, 스톱오버, 다구간, 편도를 적절히 섞어서 가장 합리적인 가격을 찾아내는 것이 항공권 예약의 왕도라 하겠다. 물론 자유여행을 이제 시작하는 초보에게는 아직 어려울 수 있다. 일단 왕복 항공권과 인 아웃을 달리 하는 다구간 항공권 정도만 능숙하게 예약할 수 있어도 왕초보 딱지는 떼는 셈이다.

가성비 끝내주는 숙소를 찾아라

가성비의 기준

숙소를 고를 때 신경 써야 할 것은 가격 대비 만족도이다. 만약 가격에 구애받지 않는다면 고르고 말고 할 것도 없다. 그냥 5성급 호텔처럼 비싼 곳에 가면 된다. 참 쉽다. 비싼 숙소는 비싼 만큼 제반 조건이 훌륭하다. 그러나 우리는 정해진 예산 안에서 최대한 조건이 좋은 곳을 찾으려고 한다. 가격은 저렴하면서 만족도가 높은 곳, 두 마리 토끼를 잡고 싶다. 그러기 위해서는 요모조모 따져보는 게 필요하다.

가격과 비교해서 고려해야 할 사항으로 **위치**, **청결도**, **소음**, **다른 여행자와의 교류** 여부 등이 있다. 이 가운데 가장 중요한 조건은 역시, 위치다.

관광지가 몰려 있고 교통이 좋은 시내 중심가나 구시가지(유럽의 경우)는 물론 가격이 높게 형성되어 있다. 머무는 기간이 짧으면 비싸더라도 이런 곳에 숙소를 잡아야 한다. 하루 이틀 머무는 도시에서 숙소가 멀면 불편하기도 하거니와 길에다 버리는 시간이 아깝다. 여정이 짧은 여행자에게는 돈보다 소중한 것이 시간이다. 관광지 안이므로 혼자서 밤 문화를 즐긴다거나 야경을 보는 데도 지장이 없다.

반면 한 곳에 오래 머무는 여행자라면 굳이 비싼 지역에 숙소를 구하지 않아도 된다. 중심가에서 전철이나 버스로 10여분 가량 떨어진 지역도 괜찮다. 이 정도면 여행이 불편할 정도로 위치가 먼 것은 아니다. 아마도 관광지를 벗어난 주거지역일 확률이 높다. 보통 시내보다 훨씬 저렴하면서 조용하고 깨끗한 숙소를 구할 수 있다. 한 마디로 가성비가 좋다.

단점이라면 늦은 밤에 혼자서 숙소로 돌아가는 것이 아무래도 부담이 된다. 주거지다 보니 밤이 되면 동네에 돌아다니는 사람이 없어 한적하기 때문이다. 안전한 지역이라 해도 여자 혼자라면 겁이 나기 마련이다. 하지만 일행이 있다면 이런 곳도 괜찮다.

나는 주로 오래 머무는 여행을 하는 편이므로 비싼 중심가보다는 약간 떨어진 주택가에 숙소를 얻곤 한다. 독일 드레스덴에서도 구시가지에서 조금 떨어진 곳에 방을 구했다. 버스나 트램을 타기에는 위치가 불편해서 구시가지까지 그냥 걸어 다녔다. 내 걸음으로 구시가지로부터 15분 정도 걸리는 거리였다.

엘베 강의 노을이 불타는 듯 빨갛게 물든 날, 강가 근처 구시가지에서 멋진 노을을 감상하고 숙소로 돌아가려고 나섰을 때, 이미 깜깜한 밤중이었다. 어쩌면 그렇게 거리에 달리는 차도, 걸어 다니는 사람도 하나 없던지. 전혀 위험하지 않은 지역이었음에도 숙소까지 걸어가는 그 시간이 무서웠다. 아무리 안전한 동네일지라도 아무도 없는 컴컴한 거리를 혼자서 걷는 건 도무지 달갑지 않다.

사람에 따라서 청결도나 소음에 민감할 수 있다. 나는 청결도보다는 소음에 취약한 편이다. 그래서 밤에 잘 때 숙소가 조용한지 반드시 확인한다. 솔직히 말하면 나는 위치보다 소음을 더 중요시하는 쪽이다. 이건 나만의 특수한 상황인데 시끄러우면 전혀 잠을 못 자기 때문이다. 아무리 위치가 좋아도 그 지역이 밤새 소란하다면 나에게는 악몽 같은 숙소가 된다. 그밖에 다른 여행자와의 교류를 중시하는 사람이 있다. 나에게는 이것도 해당된다. 가능하면 다른 여행자들과 만나기 쉬운 숙소를 선호한다. 호텔보다는 게스트하우스 취향이다. 선호도와 취향은 제각각이어서 누군가에게는 최고의 숙소지만 다른 누군가에게는 최악의 숙소가 될 수도 있다. 그러니 각자 원하는 대로 자신의 취향에 맞추어 선택하기를 바란다.

똑똑하게 숙소 고르기

어떤 여행을 원하느냐에 따라 선택할 수 있는 숙소의 종류가 달라진다. 하나하나 살펴보자. 어떤 숙소라도 예약하기 전에는 반드시 후기를 살펴볼 것을 강조한다.

호스텔

다른 여행자를 편하게 만날 수 있는 자유로운 분위기다. 여행친구를 사귀기에는 최적의 조건이다. 배낭여행자나 혼자 여행하는 사람이 선호한다. 1인실, 2인실도 있지만 주로 4인실 이상의 공용침실이 대부분이다. 물가가 비싼 유럽에서 많이 이용한다. 늦은 밤이나 새벽에 들고 나는 여행자 또는 코를 심하게 고는 여행자를 만나면 숙면이 어려울 수 있다. 한 방을 여럿이 사용하므로 특히 도난에 주의해야 한다.

게스트하우스

호스텔과 마찬가지로 편안한 분위기여서 친구를 사귀기에 좋다. 호스텔처럼 침대 하나만 쓸 수 있는 도미토리부터 독방까지 다양한 종류의 침실이 있다. 비교적 저렴하다. 동남아시아의 경우 개인실을 써도 가격 부담이 없으므로 가성비가 좋다.

전형적인 도미토리

한인민박

한국인이 운영하는 민박으로 호스텔보다는 비싸지만 비교적 저렴한 편이다. 호스텔처럼 도미토리가 많고 1, 2인실도 있다. 한국인이 운영하는 호스텔이라 보면 된다. 주로 물가가 비싼 유럽에서 많이 이용한다. 대부분 아침밥이나 아침저녁밥을 포함한 가격이라 상당히 가성비가 좋다. 한식을 제공하므로 현지식이 맞지 않는 사람들에게 적절한 대안이 된다. 한국어로 정보를 얻을 수 있고 한국인 동행을 만날 수 있는 것도 큰 장점이다. 반면에 외국에서도 한국인들끼리만 어울린다는 점에서는 장점이 곧 단점이 된다.

호텔

2성급부터 5성급까지 천차만별이다. 손님들끼리 어울리는 분위기는 아니다. 조용히 쉬거나 편의시설을 즐기려는 목적으로 며칠간의 짧은 여행이나 휴양을 원할 때 주로 선택한다. 호텔이라고 무조건 비싸지만은 않다. 서유럽이라도 비수기에는 40유로 대의 저렴한 호텔을 구할 수 있다. 물론 중심가에서 조금 떨어진 위치를 감수해야 한다. 동유럽의 경우 서유럽과 비슷한 수준의 호텔이라도 가격이 저렴해서 가성비가 좋다. 호텔 가성비가 가장 훌륭한 곳은 역시 동남아시아. 국내와 비교해서 현격하게 저렴한 가격으로 고급 호텔 숙박이 가능하다.

아파트 호텔, 레지던스 호텔

우리나라의 콘도와 비슷하게 주방이 딸려 있어 음식을 해먹을 수 있다. 가격은 다소 비싸지만 일정 수준 이상의 시설을 갖추고 있다. 여러 명의 친구나 가족과 여행할 때 적합하다.

에어비앤비

"여행은 살아보는 거야!"라는 광고로 유명하다. 일반 숙박업소가 아닌 현지인의 집에서 지낸다는 것이 매력 포인트. 자신이 살고 있는 집에서 방 하나를 빌려 주거나 집을 통째로 빌려 주기도 한다. 아주 저렴한 것부터 비싼 것까지 가격은 다양하다. 호텔보다 훨씬 저렴한 가격에 호텔과 비슷한 룸 컨디션을 가진 곳도 있으니 잘 찾아보자. 유럽처럼 숙박비가 비싼 지역에서 호텔을 이용하기는 가격이 부담되고, 그렇다고 호스텔이나 민박의 도미토리를 이용하자니 공용침실이 불편한 사람들이 대안으로 선택한다.

에어비앤비에서 내세우는 것처럼 현지인의 집에서 현지인과 교류하고 싶다면 호스트를 잘 골라야 한다. 게스트와 흔쾌히 어울리면서 도와주는 사람이 있는 반면, 방만 내주고 나 몰라라 하는 사람도 있다. 내가 원하는 스타일의 호스트를 만나려면 후기를 꼼꼼히 살펴봐야 한다. 웬만하면 게스트가 후기에 부정적인 언급을 잘 하지는 않는다. 일반적으로 'good'이나 'helpful' 같은

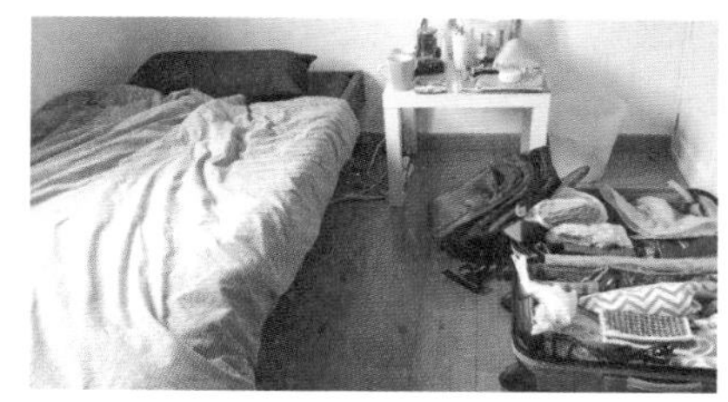 

세비야 에어비앤비 내방과 거실

표현이 많은데, 이건 예의상 하는 말이라고 받아들이는 게 낫다.

그것보다는 구체적인 도움 사례가 있는 집이 확실하다. 특히 슈퍼호스트라면 믿을 만하다. 슈퍼호스트는 일정한 조건을 갖춰야 선정이 되는데, 인기가 좋아서 일찍 예약해야 방을 구할 수 있다. 하루 이틀 머문다면 크게 신경 쓸 일이 없지만 장기 숙박이라면 까다롭게 호스트를 골라야 한다.

1주일 이상 장기 숙박은 보통 할인을 해준다. 할인율은 집집마다 다르다. 유럽의 경우 30일이 아니라 28일부터 한 달로 친다. 보증금을 거는 집도 있다. 보증금이 신경 쓰인다면 아예 보증금이 없는 집을 고르는 것이 마음 편하다. 방값에는 수수료 10%가 추가되니 총액을 계산해야 한다. 예약 전 궁금한 점이나 요구할 것이 있으면 미리 메시지로 물어봐야 한다.

가기 전에 꼭 정확한 주소를 확인할 것. 간혹 에어비앤비에 기재된 주소와 실제 주소가 다른 집이 있다. 층과 호수, 열쇠 받을 방법에 대해서도 정확히 확인해야 한다. 따로 물어보지 않으면 알려주지 않는 호스트도 있다.

한국어 홈페이지가 있어서 영어를 못 해도 예약은 가능하다. 숙소 정보, 후기 부분은 영어로 나오지만 한국어 번역 기능이 있다. 단 번역이 매끄럽지 못한 점은 감안할 것. 호스트와 메시지를 주고받거나 만났을 때 의사소통하기 위해서는 영어 독해와 말하기가 필요하다. 영어를 전혀 못 하면 호스트와의 교류는 어렵다. "여행은 살아보는 거야!"라는 광고를 체험하고 싶다면 영어로 기본적인 의사소통이 가능해야 한다.

터놓고 말하자면 에어비앤비는 일반 숙소보다 불편하다. 주택가에 위치한 집을 찾는 것도 쉽지 않고 세심하게 챙겨야 할 부분도 많다. 개인과 개인이 거래를 하다 보니 불미스러운 사건·사고도 간혹 일어난다. 그래서 호불호가 갈리는 편이다. 그럼에도 불구하고 사람들은 현지인과 함께 그들의 집에서 현지인처럼 살아본다는 특별함에 이끌린다.

작년 3개월의 유럽여행 중 대부분의 숙박을 에어비앤비로 해결했다. 그중 스페인 세비야의 마누와 라파네 집에서 보낸 26일의 시간은 에어비앤비 광고를 찍어도 될 만큼 즐거운 추억이었다. 한편 프랑스 리옹에서는 정반대로 무개념의 호스트를 만나 계약기간이 끝나기도 전에 집을 박차고 나오기도 했다.

에어비앤비가 궁금하다면 한번 경험해 보시길. 내 취향인지 아닌지는 해보면 드러난다.

한국인이 운영하는 셰어 하우스

한국인이 현지에서 아파트나 주택을 빌려 다시 방을 빌려주는 형태. 숙박허가를 받지 않은 외국인이 운영하는 방식이라 대부분 불법이다. 보통 한 달 이상 장기로 방을 내놓는다. 에어비앤비보다 훨씬 저렴하고 수수료도 없다. 보통 현지에서 공부하는 한국인 유학생이 이런 방을 많이 찾는다. 한인 민박처럼 한국인들만 모이는 숙소가 될 수 있다는 점은 장점이자 단점.

한국인 셰어 하우스만 모아놓은 사이트는 따로 없고 방을 구하려면 일일이 손품을 파는 수밖에 없다. '가고자 하는 도시+장기방(예: 뉴욕 장기방)'으로 검색하면 찾을 수 있다. 그밖에도 현지에 사는 한국인들이 모이는 한인사이트에 광고가 올라온다. 예로, 스페인에 거주하는 한인 교포들이 모이는 커뮤니티 '스페인짱'이 있다.

숙소 예약 사이트

가격비교 사이트

트리바고, 호텔스컴바인.

항공권 가격비교 사이트인 스카이스캐너와 같은 개념으로 보면 된다. 어느 사이트에서 파는 숙소가 가장 저렴한지 비교해 주는 곳이며, 모두 한글을 지원한다. 예약해야 할 숙소가 하나라면 가격비교 사이트를 통하는 것이 편리하다. 만약 여러 개의 숙소를 예약하는데 최저가를 찾다 보면 예약 사이트가 각각 다를 수 있다. 이럴 경우 관리하기가 번거로워진다는 단점이 있다.

호스텔 예약 사이트

호스텔월드, 호스텔스닷컴.

한인민박 예약 사이트

한인텔, 민박 다나와.

이 외에 도시 이름+한인민박(예: 파리 민박, 런던 민박 등)으로 검색해도 찾을 수 있다. 이런 중개 사이트를 통하면 수수료를 받기 때문에 직접 예약하는 게 더 저렴하다.

호텔 예약 사이트

아고다, 호텔스닷컴, 트립어드바이저, 부킹닷컴.

아고다는 종종 할인코드를 발급하고, 호텔스닷컴은 10박을 적립하면 1박을 무료로 사용할 수 있다. 여러 개의 숙소를 예약하는 경우에는 하나의 사이트에서 모두 하는 것이 관리하기 편하다. 숙소의 가격 차이가 크지 않다면 그냥 간단하게 하나의 사이트에서 예약해도 무방하다.

숙소 예약 따라 하기

호텔스닷컴을 통해 숙소 예약을 해보자. 인터넷 검색창에 호텔스닷컴 또는 kr.hotels.com이라고 입력한다. 자주 이용하는 사이트는 회원가입을 해두는 게 여러 모로 편리하다. 예약을 관리하기도 쉽고 회원 대상의 혜택을 받을 수도 있다. 로그인을 하고 예약을 진행하자.

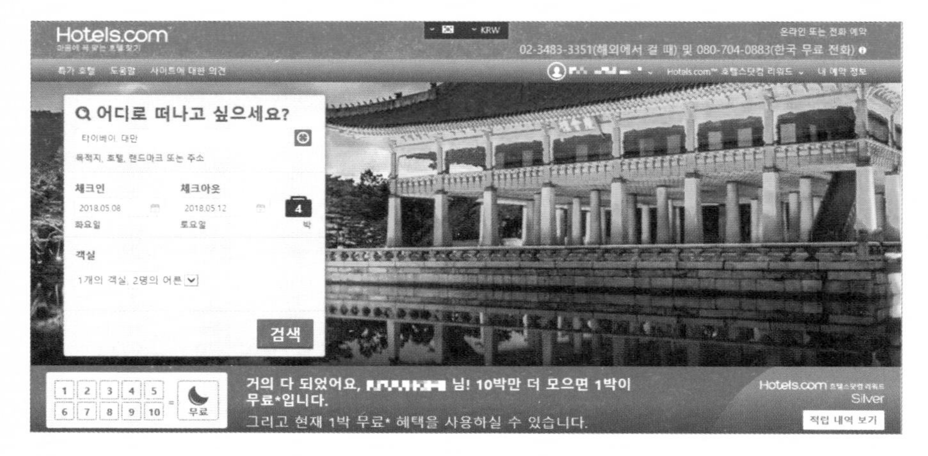

왼쪽 호텔검색 박스 안에 순서대로 기입하면 된다. 목적지, 호텔, 랜드마크 또는 주소란에 가고자 하는 도시를 적는다. 예를 들어 타이베이를 치고 체크인 날짜에 2018년 5월 8일, 체크아웃 날짜에 5월 12일을 넣어 보겠다. 객실 칸에는 1개의 객실, 2명의 어른을 선택하고 검색을 누른다.

➤➤➤➤➤➤➤➤

❶화면 왼쪽의 검색결과 필터링을 보면 1,000개가 넘는 숙박시설이 나온다. 이 많은 숙소를 일일이 확인해 볼 수는 없는 일. 그렇기에 자신이 원하는 조건을 미리 정해야 한다. 특히 가격을 설정해놓는 것이 우선이다. 예산을 고려해 이번 여행에서 나는 1일 숙박비로 얼마를 쓰겠다는 한도를 정하는 것이다.

❷2인 1실을 선택했으니 1박당 10만 원으로 정하면 1인당 5만 원인 셈이다. 1박 오른쪽 동그라미를 왼쪽으로 끌어당겨 10만 원까지 맞춰 놓는다.

❸다음 호텔 등급을 설정한다. 하나만 체크해도 되고 두 개 이상을 체크해도 괜찮다. 위에서 1박 요금을 설정했으면 저절로 호텔등급은 따라 가게 마련이므로 굳이 체크하지 않아도 상관은 없다.

❹그 아래 고객 평점은 매우 중요하다. 평점이 높을수록 좋으니 주로 8에서 10 사이로 설정한다. 이렇게 검색 필터를 적용해도 여전히 많은 숙소가 나온다. 이때 주변지역과 랜드마크를 설정하면 특정 지역에 위치한 숙소만 걸러진다. 이러면 한결 범위가 좁혀진다. 교통이 편리한 타이베이 역을 체크하니 다시 1km부터 40km까지 선택할 수가 있다. 당연히 가까울수록 편리할 터, 1km에 체크한다. 이 정도만 해도 상당히 구체적으로 원하는 숙소를 고를 수 있다.

❺그 아랫부분에 나오는 숙박시설 유형, 시설, 선호사항, 장애인편의시설까지 원하는 게 있으면 선택을 한다. 그렇게까지 세밀하게 필터를 적용하지 않아도 상관없다면 자신이 원하는 수준까지만 적용하면 된다.

그렇게 나온 숙소 중 하나인 호텔 릴랙스를 예약해 보겠다. 고객평점 8.2에 434개의 고객후기가 있다. 평점이 높아도 후기 수가 적으면 다시 고려를 하는 게 좋다. 예를 들어 평점은 9인데 고객후기가 달랑 10개인 곳보다 평점 8.2에 후기 400개인 곳이 훨씬 믿을 만하다는 이야기다. 위치는 타이베이 역에서 0.2km 떨어져 있다. 200m면 상당히 가까운 편이라 여행하기에는 최적의 위치다. 숙소를 정할 때 가장 중요한 조건이 위치라고 이미 강조했다.

호텔 릴랙스를 누르면 왼쪽에는 사진이, 오른쪽에는 지도와 평점, 후기가 나온다.

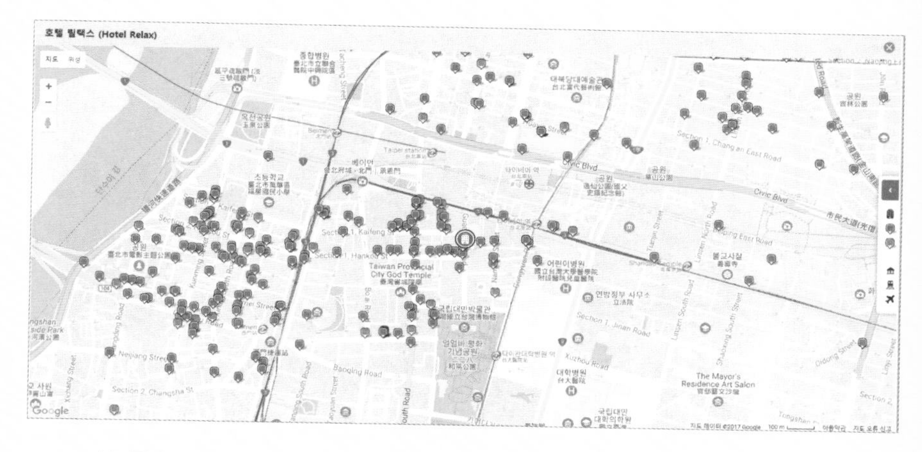

지도를 눌러 정확한 위치를 확인한다. 타이베이 메인 역 출구 M5가 매우 가깝고, 주변에 국립대만박물관이 있는 것을 알 수 있다. 지도를 보면 호텔 릴랙스뿐만 아니라 근처에 있는 다른 숙소들까지 한눈에 파악이 된다. 빨간색 표시는 해당 날짜에 빈 방이 없다는 뜻이고, 초록색 표시는 방이 있다는 뜻이다. 가격은 상관없이 위치만 고려한다면 이렇게 지도만 보고 숙소를 찾을 수 있다.

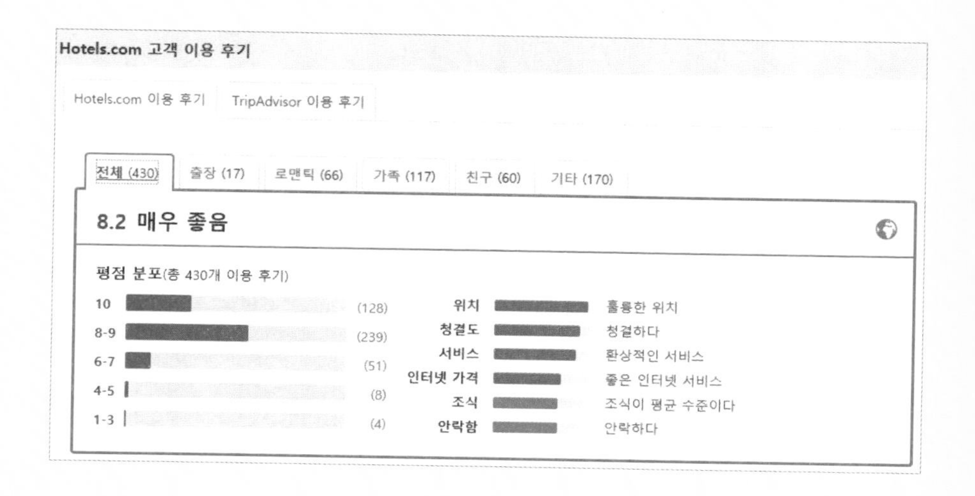

Hotels.com 고객 이용 후기
정렬 기준: 날짜: 최신 항목순
기타
2017년08월27일
SK
KR
10.0 최고 좋음 "지하철역 가깝고 피로가 풀리는 호텔"
타이페이 메인역에서 가까워 공항오가는것은 물론 시내/외 여행할때도 편합니다 침대가 편안해서 하루종일 돌아다닌 피로가 풀리는것같습니다 조식은 다양하지않아 큰 기대없이 먹는다면 괜찮습니다. 효율적으로 운영하여 큰 불편함은 없습니다 커피를 매일 무료제공해줍니다 위치와 편안한 침대를 고려하면 타이페이여행시 다시 묵을 것같습니다
실제 Expedia 고객 이용 후기
친구와 2박 여행
2017년08월12일
여행객
KR
10.0 최고 좋음 "It was good"
숙소위치가 아주 좋음. 청결함. 재방문 의사 있음. 방음이 잘 되지 않는 것과 샤워가운이 없는 것을 제외하고 매우 만족.
실제 Hotels.com 고객 이용 후기
기타
2017년07월31일
Lee
KR
10.0 최고 좋음 "Very good condition "
this hotel is very good place I think other people also like the hotel People is very kind If i will go there next time. i visit again
실제 Expedia 고객 이용 후기

다음은 호텔스닷컴 고객 후기를 읽어볼 차례. 후기 대부분이 한글로 쓰여 있는 걸 보니 한국인 여행자가 많이 이용하는 숙소같다. 후기 내용은 위치가 너무 좋았다는 말이 가장 많고, 깨끗하고 친절하다는 평도 많다.

▶▶▶▶▶▶▶

위치와 고객 평이 모두 만족스러우니 예약을 해도 괜찮을 것 같다. 객실 유형을 보면 같은 더블 룸이라도 종류가 2가지. 객실 정보 보기를 눌러 자세한 사항들을 확인하고 방을 선택한다.

같은 방이라도 무료취소가 가능한지 환불 불가인지, 또한 아침식사가 포함되었는지 아닌지에 따라 가격이 다르다. 여행날짜가 아직 많이 남아 있다면 조금 비싸더라도 무료취소가 가능한 방을 예약하는 게 안전하다. 나중에 더 좋은 조건의 숙소가 나타나거나 일정이 변경되어도 부담 없이 취소할 수 있다. 여행 출발이 임박했다면 더 이상 변경 가능성이 없으므로 최저가의 방을 선택해도 무리 없다. 여기서는 무료취소가 가능한 클래식 더블 룸(92,953원)을 선택하겠다.

클래식 더블룸, 타워

더블침대 1개
20제곱미터 크기의 객실

인터넷 - 무료 WiFi
엔터테인먼트 - 케이블 채널 시청이 가능한 40인치 LED TV
식음료 - 커피/티 메이커, 무료 미니바 품목, 공용 주방 및 전자레인지(요청 시)
편안한 잠자리 - Select Comfort 침대, 고급 침구 및 베개 종류 선택 옵션
욕실 - 전용 욕실(샤워기, 슬리퍼 및 무료 세면용품 있음)
기타 편의 시설 - 세탁기/건조기, 금고 및 책상
편의 시설 - 에어컨 및 매일 하우스키핑 서비스
금연

숙박 가능 인원: **2명** (최대 어린이 1명 포함)

침대 선택
- 더블침대 1개

호텔 정보 문의: 02-3480-0145

객실 세부 정보

- LED TV
- Select Comfort 사의 Sleep Number 매트리스
- 각각 다르게 가구가 비치된 객실
- 각각 다른 스타일의 객실
- 객실 금고
- 객실 내 온도 조절기
- 고급 침구
- 공용/공동 주방
- 다양한 종류의 베개
- 매일 하우스키핑
- 무료 WiFi
- 무료 생수
- 무료 세면용품
- 미니바(무료 품목 마련됨)
- 샤워만
- 세탁기/건조기
- 슬리퍼
- 에어컨
- 전용 욕실
- 전자레인지(요청 시)
- 전화
- 책상
- 커피/티 메이커
- 케이블 TV 서비스
- 헤어드라이어

지불 시점 직접 선택

지금 온라인으로 지불	호텔에서 지불
₩92,953	₩92,953
객실당 1박 요금	객실당 1박 요금
✓ 저희가 고객님이 사용하시는 통화로 지불을 처리해 드립니다.	• 호텔에서 현지 통화로 지불하시게 됩니다.
✓ 해당 호텔의 무료 취소 기한까지 무료 취소가 가능합니다.	• 해당 호텔의 무료 취소 기한까지 무료 취소가 가능합니다.
Hotels.com™ 호텔스닷컴 리워드	Hotels.com™ 호텔스닷컴 리워드
✓ 적립	✓ 적립
✓ 사용	• ~~사용~~
사전 지불	호텔에서 지불

호텔 릴랙스

Taipei, TW

아주 좋음 8.2

Hotels.com 고객 이용 후기

TripAdvisor 여행객 평점

체크인	화, 05/08, 2018
체크아웃	토, 05/12, 2018
	4 박, 객실 1 개

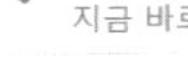

포함되는 특별 혜택
지금 바로 예약하고 할인받으세요!

평균 숙박 요금	**₩92,953**
클래식 더블룸, 타워 무료 취소	
화, 05/08, 2018	₩90,190
수, 05/09, 2018	₩90,190
목, 05/10, 2018	₩90,190
금, 05/11, 2018	₩101,242
세금 및 서비스 요금	₩55,771
총 요금	**₩427,583**

가격 보장 ⓘ

세금 및 수수료 포함 ⓘ

방과 가격을 선택해서 예약을 누르면 지불시점 직접선택 창이 나온다. 지금 온라인으로 지불 또는 호텔에서 지불 중 원하는 것으로 하면 된다. 여기서는 사전지불을 선택해 보겠다. 방에 따라서 직접 호텔에 가서만 지불 가능한 곳도 있다. 예약할 때 사전 지불했는지 아닌지 반드시 확인한다. 시간이 지나면 나중에 헷갈리기 때문이다.

결제하기 전 오른쪽 부분을 먼저 확인하자. 평균 숙박요금 92,953원에 세금이 포함되어 4박 총 요금은 427,583원이다. 결과적으로 1박 평균 요금은 106,895원이다. 세금이 나중에 추가되기 때문에 처음 봤던 금액과는 달라진다는 점을 유의할 것.

예약을 진행하면 호텔스닷컴 리워드에 4박이 적립되고, 객실 세부 정보에 영문 성과 이름이 저절로 입력된다. 지불 세부 정보에는 영문 성과 이름이 입력되어 있고 카드번호, 보안코드, 만료일자는 새로 입력해야 한다. 이전에 사용했던 카드가 있다면 그 정보가 이미 저장되어 있다.

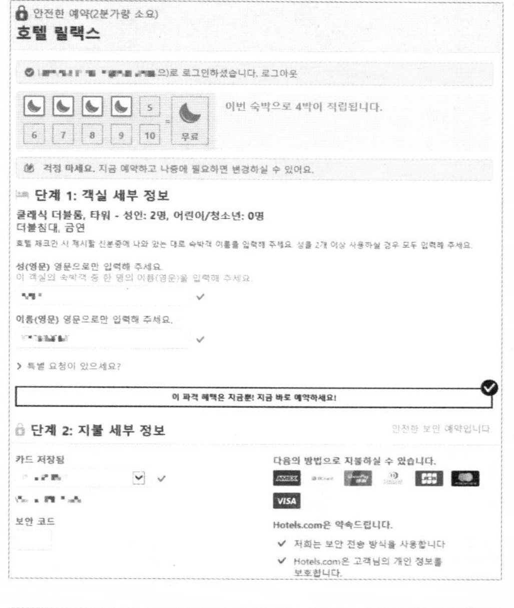

예약자 정보의 이메일 주소와 전화번호도 자동 입력된다. 맨 아래 예약 약관 및 취소정책에서는 무료취소 기한이 언제까지인지 확인할 것. 2018년 5월 5일까지로 나와 있다. 그밖에 특이점은 보증금이 있다는 것이다. 1회 숙박기준 TWD 1000이라고 되어 있다. 보증금은 체크인 시 지불하고 체크아웃 시 돌려받는다. 약관에 동의하고 예약을 누르면 완료된다. 예약을 마치면 확인 메일이 날아온다. 잘 저장해두고 프린트 해놓는다.

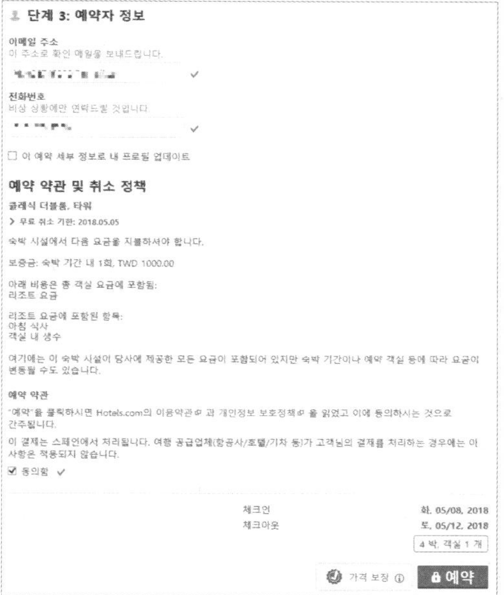

伏見稲荷大社
伏見稲荷大社

내 배낭을 부탁해

배낭이냐 캐리어냐

배낭을 가져갈 것인가 캐리어를 가져갈 것인가, 이것이 문제로다. 배낭은 가방의 무게를 온몸으로 감당하는 대신 두 손이 자유롭다. 단 짐을 아래부터 쌓아야 해서 짐 정리가 불편하다. 캐리어는 무게에 대한 부담이 없지만 한 손은 늘 캐리어를 챙겨야 한다. 대신 펼쳐놓는 형태라 짐정리는 간편하다. 배낭이냐 캐리어냐 하는 문제는 순전히 개인의 취향이므로 자기가 편한 걸로 선택하면 된다. 덧붙이자면 대부분의 여행지는 캐리어로도 충분히 여행이 가능하다.

배낭이건 캐리어건 여행자의 짐은 다음과 같은 3종 세트로 이루어져 있다. **큰 배낭이나 캐리어, 보조 배낭, 그리고 작은 크로스백.** 큰 배낭이나 캐리어에는 대부분의 짐들이 들어가고, 보조 배낭에는 위탁 수하물로 부칠 수 없는 카메라·노트북이나 기타 전자기기들과 배터리들, 크로스백에는 현금이나 카드·여권 등 몸에 지녀야 할 귀중품이 자리한다.

여행 일정 중 시골이나 오지가 끼어 있는데 캐리어를 가져갔을 경우, 이 보조 배낭을 활용하면 된다. 캐리어는 맡겨두고 보조 배낭에 간단한 짐만 챙겨서 다녀오면 편리하다.

배낭

여자는 50L 내외, 남자는 60~70L. 일반적으로 여행자들이 이 정도의 배낭을 가지고 다니지만 정해진 것은 없다. 본인이 감당할 만큼의 용량이 정답이다. 배낭이 클수록 자꾸 짐을 채우게 되고 무거워진다. 무게가 10~15kg 정도라면 메고 다닐 만하다.

참고로 6개월의 세계여행 때 아들과 나는 둘 다 45L 배낭을 멨다. 장기 여행이 아니라면 30~40L 정도로도 충분하다. 당연히 겨울보다는 여름이, 여행기간이 짧을수록 배낭은 가벼워진다.

배낭은 인터넷으로 사기보다는 직접 착용해보고 사는 걸 권한다. 매장에서 메어보고 내 몸에 잘 맞는지, 등판이 편안한지 확인할 것. 배낭에는 등산용 배낭과 여행용 배낭이 있다. 어떤 것이든 고르는 기준은 가볍고 튼튼할 것.

세계여행 당시 아들과 나의 큰 배낭, 혼자 간 유럽여행 때 캐리어와 보조 배낭

배낭은 계단이나 언덕, 비포장 길이 많은 지역에서 작은 버스로 이동할 때, 그리고 이동이 많은 자유여행에 적합하다.

캐리어

짐이 적을 때는 기내용 캐리어(20인치, 21인치)가 적당하다. 또한 수하물로 부치지 않아도 되니 간편하다. 위탁 수하물로 부치는 경우는 22인치 이상일 때. 이때 항공사 규격을 정확히 확인해야 한다.

겨울이거나 짐이 많은 경우, 휴양지나 대도시, 이동이 많지 않은 짧은 여행에서는 캐리어가 편하다. 캐리어를 고를 때는 바퀴가 튼튼한 것이 으뜸이다. 캐리어의 생명은 바퀴이므로 무엇보다 이 점에 유의할 것. 비슷한 캐리어가 많아 혼동하기 쉬우므로 평범한 것보다는 튀는 디자인과 색깔이 낫다. 다른 사람의 것과 바뀌거나 분실할 염려도 적고 도난 방지에도 도움이 된다. 캐리어 역시 배낭과 마찬가지로 가볍고 튼튼한 제품을 골라야 한다.

배낭에는 통상 커버가 달려 있지만 캐리어는 그렇지 않다. 캐리어 커버는 따로 사야 되는데 챙기지 않는 경우가 보통이다. 실제로 여행을 하다보면 한 번쯤은 비를 만나게 된다. 특히 봄가을에 유럽을 가거나 여름·가을에 동남아를 간다면 비를 만날 가능성이 높다. 운이 좋아 사람은 비를 안 맞더라도 캐리어가 비를 맞을 수도 있다.

필리핀 어학연수를 떠났던 2014년 10월. 마닐라 공항에 내려 짐을 찾고 보니 캐리어가 흠뻑 젖어 있었다. 위탁 수하물을 내릴 때 비가 쏟아진 모양이었다. 하드케이스라 괜찮을 거라 생각했는데 결과는 아니었다. 짐을 풀어 보니 지퍼 사이로 빗물이 스며들어 옷이 다 젖었다. 보슬보슬 오는 정도라면 하드케이스로 충분하지만 우기 때 억수같이 퍼붓는 비는 감당이 안 된다는 걸 알았다. 그 뒤로는 꼭 캐리어 커버를 챙긴다.

야무지게 짐 싸기

가방은 미리 싸라

A 타입: 여행을 떠나기 1주일 전부터 짐을 쌌다 풀었다 한다.
B 타입: 여행 전날 밤에서야 허겁지겁 짐을 싼다.

당신은 어떤 유형인가?

A는 좀 지나치다고? 그래도 B보다는 A가 낫다. 가방은 미리 싸 보고 용량을 확인하자. 전날 밤 급하게 짐을 싸면 빼놓는 물건도 있고, 진즉에 샀어야 하는데 준비하지 못한 물건이 나올 수 있다. 수하물은 무게 제한이 있기 때문에 그에 맞추어야 한다. 공항에서 가방을 파헤쳐 짐을 빼내는 수고를 하고 싶지 않다면 미리 짐

을 싸고 무게도 재어보길 권한다. 집집마다 하나씩은 있는 체중계에 올려놓으면 대략적인 무게를 파악할 수 있다.

안 써본 물건은 피한다

초보 여행자가 흔히 하는 실수는 한 번도 안 써본 새 물건을 가져가는 것이다. 사용해보지 않아서 그 유용성을 알 수 없는 물건은 여행지에서 무용지물이 되기 쉽다. 막상 사용해보니 별 쓸모가 없다거나, 또는 너무 무겁거나 부피가 커서 불편하다면 그것은 그냥 '귀찮은 짐'에 불과하다. 게다가 비싼 물건이라면 버리기도 아깝다. 쓰지도 버리지도 못하는 계륵 신세. 무조건 비싼 물건은 가져가지 않는 게 마음이 편하다. 여행 중에는 항상 도난이나 분실의 위험이 있기 때문이다.

여행지에서는 쓰던 것, 익숙한 물건, 저렴한 것이 낫다. 평소에 사용해본 결과 여행지에서도 괜찮겠다 싶은 물건을 선택하자. 손에 익어서 쓰기 편한 것, 없어져도 아깝지 않은 저렴한 것이 여행에서는 알맞다.

옷에 대하여

당연한 말이지만 짐은 최대한 가볍게 싸야 한다. 가방이 가벼울수록 여행도 가벼워진다. 가방 안에서 가장 부피를 많이 차지하는 것이 옷이다. 옷만 줄여도 가방이 한결 넉넉해진다. 민소매, 반소매, 셔츠, 카디건, 스카프 같은 기본적인 아이템을 활용하면 적은 옷으로 최대한의 효과를 낼 수 있다. 이런 것들은 일단 여행 중 아무 때나 무난하게 입기 좋다. 게다가 더우면 하나씩 벗고, 추우면 하나씩 겹쳐서 입어도 된다. 커다란 스카프는 추울 때 목에 두르는 것뿐만 아니라 숄 대용으로도 사용하고 허리에 두르면 치마 대용으로도 쓸 수 있다.

더불어 많은 옷을 가져가지 않고도 멋을 부릴 수 있는 나만의 묘수를 공개하겠다. 바로 현지에서 옷을 사는 것. 이건 내가 애용하는 여행 꿀팁이다. 현지에서 옷을 사 입으면 좋은 점이 많다. 한국에서 옷을 준비하다 보면 현지 날씨를 정확히 알 수 없어서 난감하다. 기껏 준비했는데 변덕스러운 그곳 날씨와 맞지 않는

배낭과 캐리어 속 물건들

경우도 적지 않다. 이럴 땐 기본 아이템만 챙긴 뒤 현지에 가서 그때 파는 옷을 사 입는 거다. 그러면 고민 끝! 현지에서는 그 지역, 그 계절에 딱 맞는 옷을 팔기 때문이다. 주로 저렴한 옷을 사기 때문에 그다지 부담되지도 않는다.

어차피 여행자라면 적든 많든 쇼핑을 하게 되어 있다. 나는 다른 기념품은 거의 사지 않는 편이라 현지 옷이 실용적인 기념품이 된다. 현지인처럼 입고 다니면서 현지인 기분을 낼 수 있는 것은 덤이다. 한국에 돌아와서도 그 옷들을 자주 입고 다닌다. 일상에서도 여행 기분을 내는 간단한 방법이다.

생리대 걱정 뚝

여자라면 여행갈 때 생리대 걱정을 하게 된다. 일단 비상용만 챙겨가도 괜찮다. 만일의 사태에는 현지에서 사면 되니까. 세계 어느 도시를 가도 생리대는 다 판다. 우리나라처럼 일반 슈퍼마켓에 가면 생리대 코너가 따로 있다. 생리대를 영어로 뭐라고 해야 하나 고민할 필요도 없다. 여자라면 누구라도 딱 보면 알게 되어 있다. 어느 나라나 생리대는 똑같이 생겼다. 걱정 뚝.

편리한 여행용품

'모든 물건에는 집을 만들어 준다.'

이것이 짐 싸기의 비법이다. 가방 안의 물건들이 하나씩 따로 돌아다니면 싸기도 풀기도 찾기도 힘들다. 여행 짐들의 집이 되는 것이 바로 수납팩. 시중에는 다양한 용도의 수납팩들이 나와 있다. 한 번 장만해 두면 5년 이상, 10년 이상 쓸 수 있어 여행자에게 정말정말 유용한 아이템이다.

인터넷에서 '여행용 수납팩'으로 검색하면 수많은 판매처가 나온다. 그중 **트래블메이트**가 가장 유명하다. 여행용품 전문 쇼핑몰로 인터넷 쇼핑도 가능하고 오프라인 매장도 있다. 여행에 관한 거의 모든 제품을 취급하고 있어서 한 번에 여러 가지 용품을 마련하기에 적합하다.

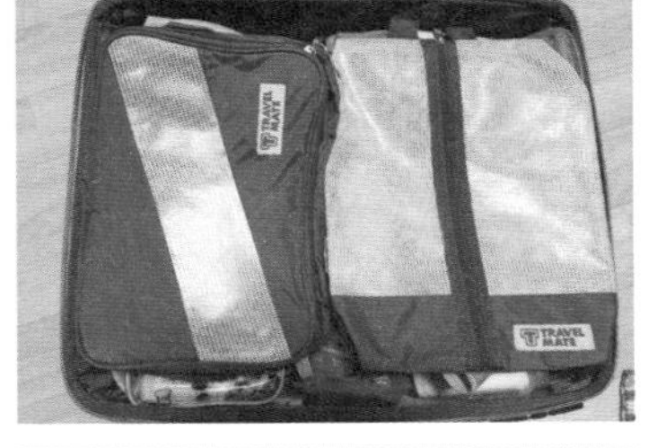

트래블메이트 수납팩

다이소 수납팩

각종 동전지갑

그밖에 나는 다이소도 자주 이용한다. 다이소 수납팩은 저렴하면서 가볍다는 게 장점. 내구성은 물론 전문 여행용품보다 떨어진다. 어차피 수납팩은 가방 안에 넣어 놓는 용도이기 때문에 고래 심줄처럼 튼튼하지 않아도 상관없다.

평소에 나는 쓰지 않는 작은 캐리어 안에 여행용품을 넣어 놓는다. 그러다 여행 갈 일이 생기면 그 안에서 필요한 것들만 꺼내어 짐을 싼다. 여행에서 돌아오면 사용했던 여행용품들을 다시 보관용 캐리어에 정리해 넣는다. 이렇게 하면 짐을 쉽게 금방 쌀 수 있고 다녀와서 정리하기도 수월하다.

짐 목록

여행 가방 안에 어떤 물건을 가져갈 것이냐는 개인마다, 필요에 따라, 여행기간에 따라 다를 것이다. 특히 여행기간의 영향을 많이 받는다. 며칠 정도의 짧은 여행이라면 필요 없을 것들이 장기여행에서는 필요한 경우가 생긴다. 단기여행에서는 필요한 게 있어도 잠깐 불편을 참으면 되지만 장기여행이라면 사정이 다르다. 예를 들어 안경 같은 경우 현지에서 나에게 맞는 것을 구하기가 어려워 여행에 지장을 받을 수 있다. 좀 긴 여행이다 싶으면 보다 꼼꼼히 준비할 필요가 있다.

누구나 기본적으로 챙겨야 하는 필수품

여권, 여권복사본, 여권용 사진 2매, e티켓, 현지 화폐나 달러, 여행자보험, 연락처와 바우처, 체크카드, 신용카드(앞뒤 사진 찍어 놓기), 카메라, 스마트폰, 만능 멀티탭, 모자, 선글라스, 비상약, 속옷, 양말, 옷, 화장품, 세면도구, 휴대용 우산, 큰 비닐봉지 혹은 빨래용 파우치, 휴대용 휴지, 볼펜수첩, 시장바구니, 동전지갑

- 여권은 만료일이 6개월 이상 남았는지 확인한다.
- 여권복사본은 여권을 요구할 때 여권 대용으로 사용 가능하다. 또한 여권 도난이나 분실 시 사진과 함께 필요하다(자세한 설명은 안전에 대한 부분을 읽어볼 것).
- 긴급 연락처와 숙소 및 기타 예약 바우처를 챙긴다.
- 체크카드, 신용카드의 앞뒤를 스캔하거나 사진을 찍어 놓으면 도난이나 분실 시 대처하기 쉽다(자세한 설명은 안전에 대한 부분을 읽어볼 것).
- 큰 비닐봉지 혹은 빨래용 파우치에 빨래를 넣어 놓는다. 땀이나 냄새로부터 새 옷을 보호한다.
- 볼펜수첩은 가계부용, 메모용으로 쓰면 좋다. 볼펜이 달려 있어 그때그때 기록하기 편리하다.
- 시장바구니는 접으면 손바닥 안에 쏙 들어오는 작은 것이 좋다. 쇼핑할 때 비닐봉지에 넣는 것보다 튼튼하고 안전하다.
- 비상약은 말 그대로 비상시 사용하는 약이다. 너무 많이 챙기지 말고 종류별로 소량만 가져간다. 소화제, 설사약, 진통제, 종합감기약, 밴드, 상처 치료용 연고, 모기약 정도면 충분하다. 가져간 비상약으로 해결이 안 되는 상황이라면 병원이나 약국에 가야 한다.

개인 취향이나 상황에 따라 필요한 것

노트북, 미니드라이기, 롤빗, 세탁소용 옷걸이, 반짇고리, 소형가위, 노트, 과도, 플라스틱 접시, 자물쇠, 와이어, 수영복, 수건, 손톱깎이, 머리핀, 고무줄, 물티슈, 와인따개

- 노트북은 단기여행에서는 굳이 가져가지 않아도 되지만 장기여행이라면 필수다. 휴대폰 애플리케이션으로는 해결되지 않는 상황도 있고, 꼭 컴퓨터가 필요한 경우가 가끔 발생한다.
- 미니드라이기는 여자에게 너무도 편리한 용품이다. 저렴한 숙소에는 드라이기가 없는 경우가 많다. 크기가 손바닥만 해서 가볍고 자리를 차지하지 않는다.
- 세탁소용 옷걸이를 2~3개 가져가면 옷걸이가 없는 숙소에서는 아주 유용하다. 옷을 빨아 널어 말리기에도 적합하다.
- 과도와 플라스틱 접시는 숙소에서 과일을 먹을 때 편리하다. 맛있는 과일이 많아도 칼이 없으면 그림의 떡. 숙소에서 잘 빌려 주지 않는 경우가 있으니 작은 걸로 가져가면 좋다.
- 와인따개는 유럽이나 남미처럼 질 좋은 와인을 슈퍼마켓에서 저렴하게 살 수 있는 나라에서 유용하다.
- 자물쇠, 와이어는 좀도둑을 예방하기 위한 것이다. 소매치기가 많은 지역에서는 가방의 지퍼에 자물쇠를 채워 놓거나 가방을 와이어로 묶어 놓는다.

DAEWOO

3장

연습은 힘이 세다
여행의 기술

HOTEL DEEP OASIS
Hotel PEACE GANGA
HOTEL TRAVEL - INN
Vardan Resort
Fully licensed Family Hotel
MOUNTAIN GUEST HOUSE
A.C. & Non A.C. Room
Free WI - FI
HOTEL LAKE DIAMOND
Vardan Apartment
Fully licensed family Hotel
POKHARA PEACE HOME
Teacher Krishna LODGE
Adrenaline Rush
Nepal
Paddling Himalayan Rivers
HOTEL TRAVEL-INN
Managed By French Guest House
CENTURY GUEST HOUSE
BABA HAIR DRESSER
BARBER SHOP
Manicure, Pedicure & Waxing
PUSHPA GUEST HOUSE
FREE WI-FI
HOTEL The STAR LIGHT
Hotel AVOCADO
HOTEL
HE BILLABONG GARDEN
HOTEL MOONLAND
Mountain Beauty Parlour
& Massage Center
DENTAL
CARE CENTRE
WHITE WATER RAFTING
Adrenaline Rush
NEPAL

네팔 포카라 시내 이정표

당신의 여행계획서를 보여줘

100만 원 예산으로 여행계획서를 짜 보자

이제부터는 직접 여행계획서를 짜 보겠다. 2장에서 배운 대로 적용하면 된다.

예산

적지도 많지도 않은 1인당 100만 원으로 정한다.

장소

일단 초보자가 여행하기 쉬운 나라를 고른다. 조건은 직항으로 갈 수 있는 가까운 곳, 여행 인프라가 잘 갖춰진 곳, 대중적으로 인기 있는 곳. 세 가지 조건을 모두 만족시키는 곳은 많지만 그중 대만을 골랐다.

기간

여행기간을 짧게 잡으면 숙박비와 항공료 예산을 늘릴 수 있고, 기간을 길게 잡으면 아껴야 한다. 4박5일로 해보자. 기간은 2018년 3월 20일~3월 24일까지.

항공권 예약

스카이스캐너를 돌려서 가격과 시간대를 살펴보자. 2017년 12월 20일 현재 직항은 20만 원대가 가장 많다.

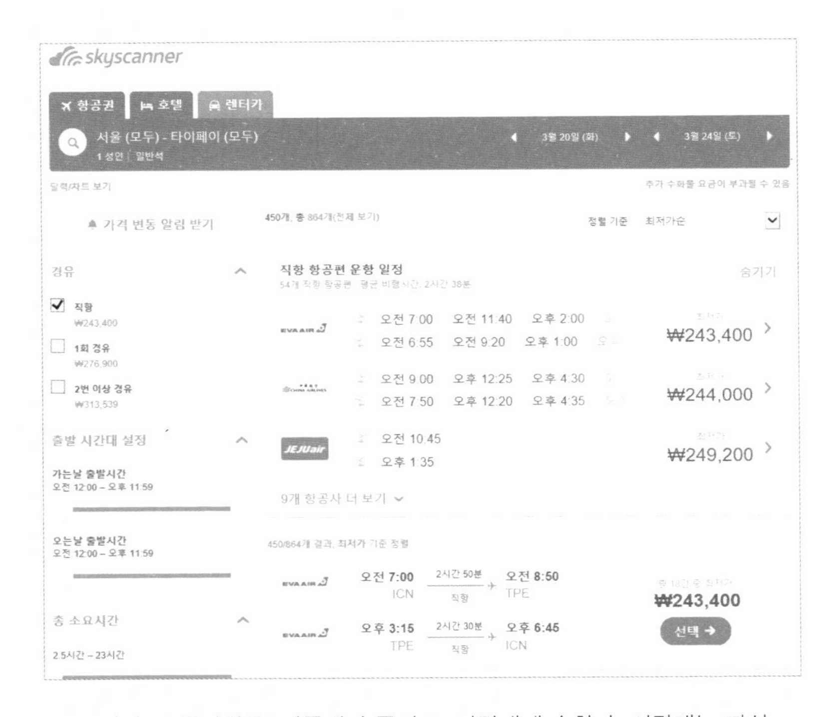

에바항공, 중화항공, 제주에어 등이 그 가격대에 속한다. 시간대는 자신의 상황에 맞는 걸로 고른다. 현재 가장 저렴한 것은 에바항공이다. 중화항공이나 제주에어도 크게 가격 차이가 나지는 않는다. 이른 오전 출발이 괜찮다면 에바항공이 낫다. 반대로 나처럼 이른 오전 출발이 부담스럽다면 적절한 아침시간대인 제주에어(249,200원)를 선택한다.

출국편: 3월 20일(화)
제주에어 10:45~12:35 ICN(인천공항)-TPE(타이베이 타오위엔 공항) 직항
귀국편: 3월 24일(토)
제주에어 13:35~17:00 TPE(타이베이 타오위엔 공항)-ICN(인천공항) 직항

루트

첫 번째 대만여행이니 국민루트로 돌아보자. 타이베이 시내에 이틀, 근교에 하루를 할애하고 나머지 하루는 타이루거 협곡을 다녀온다.

3/20 (화)

타이베이 도착, 숙소 체크인.
공항에서 짐을 찾고 숙소에 도착하면 점심을 먹고 일정을 시작하기에 좋다.
타이베이 시내의 주요 관광지를 돌아본다.
중정기념당 교대식을 보고 맛집이 몰려 있는 용캉제에서 점심식사를 한다.
이후 타이베이의 명동 시먼딩을 구경하고 용산사로 간다. 저녁에는 라오허찌 야시장 구경과 함께 식사까지 해결.

중정기념당-용캉제-시먼딩-용산사-라오허찌 야시장

3/21 (수)

둘째 날은 타이베이 근교로 나간다. 예스진지라 불리는 코스를 돌아본다. 택시투어, 버스투어가 있지만 개별적으로 버스나 기차로도 이동이 가능하다. 예류지질공원을 둘러보고 스펀에서 풍등을 날려보자. 영화 〈비정성시〉

의 배경지 지우펀에서 홍등이 아름다운 찻집에 들러본다. 또는 진과스 황금 박물관에서 광부도시락을 먹는다. 버스나 기차로 이동한다면 예류 포함 두 세 군데 정도만 가본다. 그 뒤 타이베이로 돌아와 똥취에서 저녁을 먹는다.

예류-스펀-똥취 또는 예류-지우펀-똥취 또는 진과스-지우펀-똥취

3/22 (목)

셋째 날은 타이베이 시내를 돌아본다.
비교적 사람이 적은 아침시간에 고궁박물관을 관람하고 신베이터우에서 노천온천을 즐기자. 이후 딴쉐이로 이동, 항구와 영화촬영지를 찾아보자. 돌아오는 길에 스린 야시장에 들러 저녁을 먹는다.

고궁박물관-신베이터우-딴쉐이-스린 야시장

3/23 (금)

아침 일찍 기차를 타고 화롄으로 출발, 타이루거협곡을 돌아본다. 타이베이에 돌아와 101빌딩에 오른다

화롄 타이루거협곡-타이베이 101빌딩

3/24 (토)

11시 30분경까지 공항에 도착해야 하므로 무언가 할 수 있는 시간이 넉넉치 않다.
조식을 먹고 느긋하게 카페에서 마지막 밀크티나 한 잔 하는 건 어떨까.

숙소 체크아웃-공항

숙소 예약

호텔스닷컴이나 아고다를 돌려보자. 교통이 편리한 곳이 제일 좋다. 보통 타이베이 메인역 근처나 시먼딩에 많은 숙소가 있다.

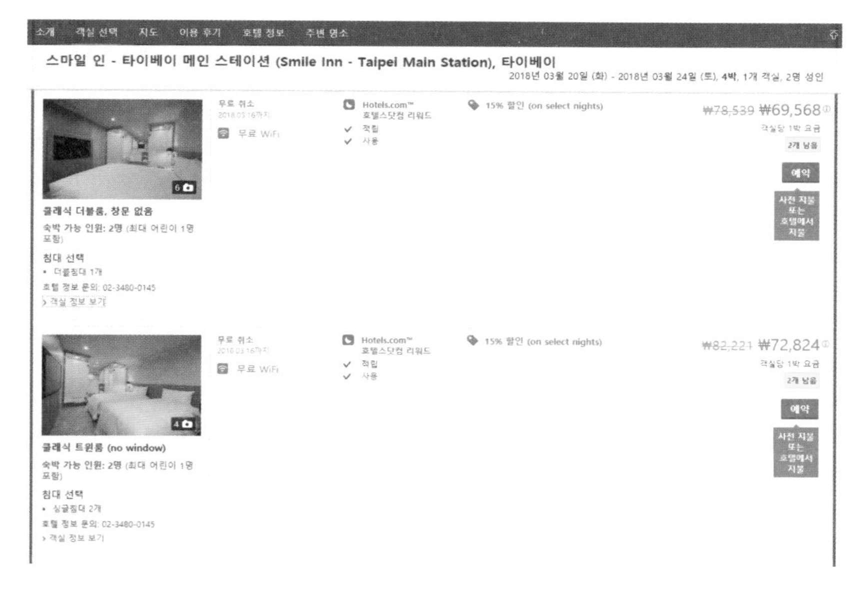

타이베이 메인역에 인접한 '스마일 인' 클래식 트윈 룸 72,824원.
4박에 세금 포함 334,987원이다. 1인당 4박에 167,493원.
트윈 룸 1박 72,824원(세금 불포함) - 1인당 하루에 41,873원×4박 =167,493원

공항에서 숙소까지 찾아가는 법
버스 1819번, 1961번이나 공항철도를 타고 타이베이 메인역에서 내린다..
신광미츠코시 백화점 맞은편 맥도날드 건물 6층. 걸어서 5분 거리.

대만 여행계획서 실례

예산: 1인당 100만 원
장소: 대만
기간: 4박5일(3월 20~24일)

항공권	출국편: 3월 20일(화) 제주에어 10:45~12:35 ICN(인천공항)-TPE(타이베이 타오위엔 공항) 직항 귀국편: 3월 24일(토) 제주에어 13:35~17:00 TPE(타이베이 타오위엔 공항)-ICN(인천공항) 직항
루트	3/20(화) 중정기념당-용캉제-시먼딩-용산사-라오허찌 야시장 3/21(수) 예류-스펀-똥취 or 예류-지우펀-똥취 or 진과스-지우펀-똥취 3/22(목) 고궁박물관-신베이터우-딴쉐이-스린 야시장 3/23(금) 화렌 타이루거협곡-타이베이 101빌딩 3/24(토) 숙소 체크아웃-공항
숙소	스마일 인(클래식 트윈 룸) [공항에서 숙소까지 찾아가는 법] 버스 1819번, 1961번이나 공항철도를 타고 타이베이 메인역에서 내린다. 신광미츠코시 백화점 맞은편 맥도날드 건물 6층. 걸어서 5분.
현지 경비 (560,000원)	일일경비 포함항목(90,000원×4일=360,000원) - 유심칩 구입: 공항 입국장 - 이지카드(요요카) 구입: 공항 입국장, 타이베이 메인역 이지카드 센터 - 화렌행 왕복 기차표 예매 / - 그외 교통비 / - 식비 / - 입장료 쇼핑(100,000원) 예비비(100,000원) 환전 560,000원(공항에서 일부 환전, 나머지는 ATM에서 인출)
세부 예산 (총 976,693원)	항공권(249,200원) 숙소(167,493원) 일일경비(360,000원) 쇼핑(100,000원) 예비비(100,000원)

여행자와 돈, 그 함수관계

여행적금을 들어라

당신의 우선순위는?

해외여행의 문턱이 전에 비해 낮아졌다. 저가항공이 출현하고 배낭여행이 일반화되면서 생긴 경향이다. 여름휴가가 몰리는 7, 8월에는 국내여행보다 동남아 쪽의 여행경비가 더 저렴하다는 기사를 보았다. 그럼에도 불구하고 여전히 해외여행은 경제력이 있어야 가능하다는 인식이 남아 있다. 단지 돈뿐만이 아니라 의지와 용기, 정보와 시간, 체력 등 조금이라도 더 가진 사람이 유리하기는 하다. 하지만 모든 조건이 완벽한 사람이 얼마나 될까? 부족하면 부족한 대로 가방을 꾸릴 수밖에.

떼려야 뗄 수 없는 여행자와 돈 문제에 대하여 조금 다른 질문을 던지려고 한다.

"당신의 우선순위는 무엇인가?"

무엇을 하고 안 하고의 결정은 무엇이 우선순위인가에 좌우된다. 한정된 돈을 어디에 쓸 것인가 하는 문제 역시 마찬가지다. 낡은 구두는 10년째 바꾸지 않더라도 매달 들어가는 책 구입비를 절대 줄일 수 없는 사람이 있고, 먹는 것은 아무래도 상관없지만 고급 자전거만큼은 포기할 수 없는 사람도 있다.

경제적인 여유가 있어도 여행에 관심이 없다면 굳이 여행에 돈을 안 쓸 것이고, 넉넉한 형편이 아니어도 여행이 최우선순위라면 어떻게든 다른 지출을 줄이고 여행을 가지 않을까? 다른 데 쓸 돈은 있지만 여행에 쓸 돈이 없다면 그만큼 여행이 중요하지 않다는 뜻이다. 무엇이 내게 최우선이고 무엇이 가장 중요하냐에 따라 '돈이 있고 없고, 돈을 쓰고 안 쓰고'가 정해진다.

전업주부라면

전업주부라면 자신의 여행을 위해 경비를 마련하는 것에 심리적 부담을 느낀다. 다른 일에서도 마찬가지다. 가족을 위해서는 아낌없이 돈을 쓰지만 자신을 위해서 쓰는 돈은 어쩐지 인색해진다. 돈을 벌지 않는다는 위치가 그렇다. 누군가 눈치 주는 사람이 없어도 스스로 위축되는 게 사실이다. 우리 사회가 돈을 버는 노동은 인정하지만 돈을 벌지 않는 돌봄 노동은 무시하기 때문이다.

그러나 전업주부가 살림을 하지 않는다면 결국 누군가에게 돈을 주고 노동력을 사야 한다. 그러면 얼마의 비용이 필요할까. 육아와 가사노동을 입주 도우미로 해결한다면 월 200만 원 정도가 든다고 한다. 물론 이건 주말과 휴일을 제외한 상황이다. 전업주부처럼 퇴근도 휴일도 없이 24시간 365일로 계산한다면 얼마일까? 그밖에 입주 도우미로는 절대 해결할 수 없는 시댁 등 주변 가족들 관계유지에 필요한 육체노동과 감정노동, 가정경제 관리까지, 도대체 얼마나 들지 가늠하기도 어렵다. 하지만 이런 계산을 떠나서, 기꺼이 전업주부로 살아가는 이유는 돈으로는 환산 불가능한 '그것' 때문이다. 가족들과 충분한 관심과 사랑을 주고받으며 가정의 역사를 만들어갈 수 있다는 것, 바로 그 지점이다. 가정과 가족을 '살리는 일'이 '살림'이고 그 자체로 이미 충분한 가치가 있다. 이렇게 중요한 살림을 잘 하려면 주부 자신이 (가족뿐만 아니라) 스스로를 현명하게 돌볼 줄 알아야 한다. 엄마가, 아내가 행복해야 남편도, 아이들도 행복하다.

비행기를 타면 이륙하기 전 늘 같은 안내방송을 한다. 만약의 사고가 났을 때를 대비한 안전 매뉴얼이다. 꼭 엄마가 먼저 산소 마스크를 쓰고 나서 아이를 도와주라고 나온다. 아무도 그걸 이기적이라고 비난하지 않는다. 그것이 엄마와 아이 둘 다 살릴 수 있는 최적의 방법이기 때문이다.

혹시 이걸 비상상황에서만 통하는 매뉴얼이라고 생각하지는 않는가? 이 당연한 상식은 일상에서도 똑같이 적용된다. 주부가 '자신을 위한 시간'을 갖는 건 가정을 건강하게 꾸려나가기 위해 꼭 필요한 안전매뉴얼이다. 자신을 위해 시간도 쓰고 덤으로 돈을 좀 써도 괜찮다. 월급까지는 아니더라도 용돈 정도는 스스로에게 주도록 하자. 아니 용돈만큼은 꼭 확보하길 바란다. 가족 말고 오직 자신만을 위해서 쓸 수 있는 용돈이 필요하다. 그게 우리의 여행경비가 될 터이니.

결혼 초 잠깐의 직장생활을 제외하고 나는 내내 전업주부였다. 아들과 함께 세계여행을 떠나기로 결심했을 때, 가진 돈이 있을 리 없었다. 남편은 여행을 반대했던 터라 남편에게 손을 내밀 수는 없었다. 하늘에서 목돈이 떨어지는 것도 아니고 어차피 경비는 내 손으로 마련해야 했다. 그래서 나는 내가 가장 잘할 수 있는 걸 했다. 당시 전업주부 15년 경력의 내가 돈을 마련할 방도는 오직 '아끼는 것'밖에 없었다. 늘 쓰던 생활비에서 약 20%를 줄여서 그걸로 적금을 들었다. 적금은 자동이체를 걸어놓아 아예 원천봉쇄를 시켰다. 이게 말로는 쉬워 보이지만 실제로 얼마나 어려운 일인지 살림을 해본 사람이라면 짐작할 수 있다. 원래부터 생활비가 넉넉했다면 모를까, 빠듯한 생활비를 줄이는 건 거의 아트 수준의 기술이 필요했다. 이미 짠순이로 소문난 나였지만 거기서 더 지독한 짠순이가 되어야 했다. 게다가 아무리 줄여도 줄일 수 없는 품목이 있는데 바로 식비와 교육비다. 어쨌거나 밥은 먹어야 하고, 아이는 가르쳐야 하니까. 그밖에 다른 일에서는 마른 행주를 쥐어짜고 허리띠를 졸라매었다. 이렇게 3년을 모아 최소한의 여행 종자돈을 마련했다. 그만큼 절실했고 그만큼 여행을 원했기에 가능한 일이었다. 이후로 나는 매달 나에게 자신만을 위한 용돈을 준다. 그것을 모아 해마다 여행자금으로 사용하고 있다.

여행적금이 효자

여행을 하려면 많든 적든 돈이 든다. 여행을 가고 싶을 때마다 필요한 경비를 선뜻 마련하기는 쉽지 않다. 그래서 평소에 여행용 적금을 들어두면 편리하다. 반드시 월초에 자동이체를 시켜 놓아야 한다. 그래야 있는 듯 없는 듯 돈이 모인다. 쓸 거 다 쓰고 남은 돈을 저축하려고 하면 백승백패. 요즘은 워낙 이율이 낮으니 이자는 기대하지 말고 그냥 돈을 모은다는 의미로 이용하자.

아직도 우리 사회에서 여행은 '여유 있는 사람들이 즐기는 고급스러운 취미생활'이라는 인식이 강하다. 여행을 막연히 상상할 때는 꽤나 많은 돈이 들 것 같은 생각이 든다. 막상 여행을 가는 데에는 생각보다 큰돈이 들지 않는다. 동남아시아, 중국, 일본, 대만 등 인근 국가라면 100만 원 정도로 짧으면 삼사일에서 길면 열흘까지의 여행이 가능하다. 물론 어떻게 여행하느냐에 따라서 여행경비는 천차만별로 달라지지만 저렴한 배낭여행이라면 100

만 원으로 충분하다. 한 달에 10만 원씩 적금을 들면 1년에 120만 원이다. 이 정도면 감당할 만하지 않은가.

환전과 ATM 이용법

비교적 쉽게 구할 수 있는 달러나 유로는 한국에서 환전하면 된다. 그밖에 여행할 나라의 화폐를 구하는 방법에는 두 가지가 있다. 먼저 달러나 유로 등을 준비해 여행지에서 다시 현지 화폐로 환전하는 것, 혹은 현지에서 ATM 기기로 직접 현지 화폐를 찾는 것이다.

환전

방학이나 휴가철에는 여행자가 몰리기 때문에 은행의 외화가 모자라는 경우가 있다. 이런 시기에는 미리 환전을 하자. 인터넷에서 환율우대쿠폰을 찾아 이용하면 경비를 아낄 수 있지만 실제로 큰 금액은 아니다. **경험상 이것보다 더 좋은 방법은 주거래 은행을 이용하는 것이다.** 직원에게 주거래 은행임을 강조하고 우대를 부탁하면 직원 재량으로 쿠폰보다 더 할인을 받을 수 있다. 환전도 사람이 하는 일이라 직접 웃는 얼굴로 부탁하는 게 더욱 효과적이다. 은행 이용실적에 따라 추가혜택을 받기도 한다. 환전할 때는 작은 단위의 돈을 섞어서 해야 편리하다.

현지에서 환전을 한다면 은행이나 공식 환전소에서 한다. 숙소에서도 환전이 가능한데 환율이 좋지는 않다. 적은 돈을 환전한다면 간편하게 숙소에서 하는 것도 나쁘지 않다. 공항이나 국경은 어느 나라나 환율이 가장 좋지 않은 곳이다. 이곳에서는 당장 쓸 돈(숙소까지 갈 교통비, 첫날 숙박비나 식사비)만 환전한다.

ATM 이용

국제체크카드를 발급받으면 해외에서 ATM(현금자동입출금기)으로 현지 화폐를 찾을 수 있다. 요즘에는 ATM을 많이 이용하는 추세다. 대부분의 공항에는 ATM이 있으므로 공항에서 미리 돈을 찾을 수 있다. 반드시 은행 ATM을 이용하는 게 좋다. 은행 외 기타 회사들의 ATM은 카드복제 위험이 높다. 또한 건물 밖의 기기보다는 안에 있는 기기를 이용하는 게 안전하다.

세비야 ATM

하루 경비 사용법

여행을 가면 하루에 얼마를 쓰겠다고 지출을 미리 정해 놓는 게 기본이다. 이렇게 하지 않고 되는 대로 쓰다보면 과소비를 할 수도 있고, 어디에 돈을 썼는지 기억하기도 어렵다. 하루 경비는 미리 지불하는 항공료와 숙박비를 제외하고 식비, 교통비, 기타 입장료 등을 포함한 가격이다. 거기에 여유분 약간을 더한다. 예를 들면 하루 50,000원+여유분 10,000원, 즉 총 60,000원이 하루 경비다. 아침에 숙소에서 나갈 때 이 돈만 들고 나가면 된다. 어떤 날은 하루 경비를 덜 쓰는 날도 있고 더 쓰는 날도 있을 것이다. 이렇게 그날 쓸 돈만 들고 다니면 혹시 모를 도난이나 분실이 발생해도 피해가 적다. 나머지 큰돈은 숙소의 안전금고에 넣어두거나 가방 깊숙이 보관한다. 그런데 간혹 돈을 전부 자기 몸에 지니고 다니는 게 더 마음이 편하다는 사람도 있다. 그런 편이 자신에게 맞는다면 마음이 이끄는 대로 하시길. 거듭 말하지만 여행에 정답은 없다.

요즘에는 여행경비를 계산해주는 여행 가계부 애플리케이션이 많이 나와 있다. 트라비포켓, 세이브트립, 여행가계부 등이 대표적이다. 하지만 매번 스마트폰에 입력하는 것이 성가시다면 작은 수첩을 활용하자. 돈을 쓰고 나서 바로바로 작은 수첩에 적어 놓으면 지출을 한눈에 파악할 수 있다. 볼펜이 달려 있는 볼펜수첩을 이용하면 훨씬 편리하다. 또는 영수증을 챙겨와 나중에 숙소에서 정리해도 된다.

한국에서 쓰던 가죽지갑을 여행지에서 그대로 사용하는 것은 권장하지 않는다. 지퍼가 여러 개 달린 여행용 지갑을 이용하면 돈의 단위별로 정리하기에 수월하다. 또 동전이 많이 나오므로 동전지갑을 챙겨 가면 매우 유용하다.

공동경비와 개인경비

동행여행의 경우 공동경비를 모아서 사용하게 된다. 이때 세세하게 합의해 놓지 않으면 골칫거리가 되기 쉽다. 돈 문제는 각자의 기준에 따라 굉장히 민감해질 수 있는 부분이기 때문이다. 경험해 보기 전에는 잘 모르지만 막상 여행지에서는 중요한 문제가 된다. 특히 장보기, 식비, 술값 등은 반드시 미리 의논하길 권한다.

영주 씨는 친구와 함께 유럽여행 중이었다. 장성한 영주 씨의 아들이 엄마와 엄마친구 두 분을 데리고 배낭여행을 왔다. 아들은 저녁마다 호텔에서 미니바의 맥주를 하나씩 마셨다. 영주 씨의 친구는 전혀 술을 마시지 않는 사람이었다. 하루는 친구가 불만을 이야기하더란다. 맥주를 마시고 싶으면 밖에서 사다 먹지 꼭 비싼 미니바에서 꺼내 먹느냐는 것이다. 이 말에 영주 씨는 영주 씨대로 기분이 상했다. 친구와 단둘이서라면 엄두도 내지 못할 배낭여행을 아들이 시켜 주는데 그까짓 맥주 한 병 가지고 타박을 하다니, 참 너무하는구나 싶었다.

호텔비를 공동경비에서 지불하기 때문에 이런 문제가 발생한다. 술을 안 먹는 사람 입장에서는 여행기간 내내 자신과 전혀 상관없는 술값까지 부담하는 상황이 못마땅하다. 반면 상대방은 그 정도도 이해하지 못하다니 서운하다는 생각이 든다. 그래서 이런 사태를 예방하기 위해 사전 논의가 필요하다. 내가 마시는 술값까지 공동경비에 포함시켜도 괜찮을까, 아니면 술값을 포함해서 내가 식비를 조금 더 지불하겠다는 식은 어떨까. 어느 쪽이든 미리 합의가 되면 여행지에서 문제가 생길 일이 없다.

현명한 쇼핑을 위하여

일본, 유럽처럼 정찰제가 일반적인 나라에서는 쇼핑이 어렵지 않다. 동남아시아처럼 흥정이 필수인 나라에 가면 물건을 살 때마다 신경을 써야 한다. 어디를 가나 여행자 물가는 비싸기 마련이다. 그렇다고 바가지를 쓰는 걸 당연하게 여기지는 말 것. 어느 정도 여행자 물가를 감안하되 최대한 적정한 가격으로 쇼핑을 하는 게 우리의 목표다. 우리나라보다 물가가 저렴한 나라에서 "그래봐야 한국 돈으로 얼마나 한다고?"라는 생각을 하면 호구가 되는 지름길이다.

베트남 호이안에서였다. 어쩌다보니 그곳에서 만난 한국인 아저씨 두 명과 같이 발마사지를 받기로 했다. 마사지 숍 간판에 쓰여 있는 가격을 그대로 다 지불하는 여행자는 별반 없다. 흥정을 전제로 하는 가격이므로 대부분 적당히 깎는다. 그런데 이분들, 한국보다 싸다고 그걸 다 주겠단다. 셋이 같이 갔는데 나만 따로 흥정을 할 수도 없었다. 엄청난 바가지인 줄 알면서 고스란히 지불하자니 속이 쓰렸다. 설상가상으로 마사지 실력은 이제까지 받아본 중 제일 엉망이었다.

유독 한국인 중년남성이 바가지에 관대하다보니 한국인에게만 바가지를 씌우는 경우를 종종 보았다. 다른 나라 여행자에게는 통하지 않는 일이 한국인에게는 버젓이 통한다. 육로로 국경을 통과할 때는 그 절차에 시간이 많이 걸린다. 대부분의 여행자들은 묵묵히 기다리지만 일부 한국인 여행자는 웃돈을 주고서라도 빨리 통과되기를 바란다. 이런 태도는 뒤에 오는 다른 한국인 여행자들에게까지 피해를 준다.

로마에서는 로마법을 따르라고 했다. 현지에서 기준은 현지 물가다. 미리 현지 물가를 파악하고 가는 것이 현명하다. 생수 한 병에 얼마, 식당에서 밥 한 끼가 대략 얼마 하는 식으로 알아보면 최소한 바가지는 피할 수 있다.

물가 파악이 안 되는 현지 시장 같은 곳을 갔을 때의 대처법. 일단 주변을 한 바퀴 둘러보면서 먼저 분위기를 파악한다. 내가 사고 싶은 것에 현지인들은 얼마를 내는지 지켜본다. 그런 뒤 현지인과 비슷한 가격을 지불하면 대부분 군말 없이 받는다. 설령 가격을 올려 받더라도 '이 정도면 살 만 하다, 그렇지 않다'라는 판단을 내릴 수 있다. 외국인이 무턱대고 "이거 얼마에요?"라고 물으면 턱없이 비싸게 부를 확률이 높으니 주의할 것!

반대로 흥정을 할 때 지나치게 깎는 것도 볼썽사납다. 인생 최저가 쇼핑을 목적으로 하기보다는 적당히 즐긴다는 태도를 가져보자. 흥정도 여행의 재미로 받아들이면 조금 더 지불하든 덜 지불하든 즐거운 쇼핑이 되지 않겠나.

HELL

영어는 계륵이다? 영어는 도구다!

영어를 못할 때의 여행법

자유여행을 하고 싶은 사람들의 발목을 잡는 가장 큰 요인은 뭘까? 열에 아홉은 영어를 꼽는다. 시간도 돈도 체력도 어찌어찌 만들 수 있겠는데 영어만큼은 대책이 없다. 한국에선 수다쟁이, 해외에 나가면 꿀 먹은 벙어리, 여행지에서 누군가 말을 걸면 그냥 웃지요. 근데 웃는 게 웃는 게 아니다. 이게 바로 우리 현실. 이제라도 뒤늦게 영어 공부를 하자니 엄두가 안 나고 아예 포기하자니 여행할 때마다 걸림돌이다. 그렇다면 영어를 못하니 여행도 포기해야 하나? 아니다, 그럴 필요까지는 없다. 영어를 못해도 자유여행은 얼마든지 가능하다.

한국인 숙소와 여행사를 이용한다

초보 여행자가 만나게 되는 현지인이란 주로 여행업계에 종사하는 사람들이다. 여행자는 대부분 이들과 의사소통을 하게 되는데 영어가 서투르다면 한국인을 만나면 된다. 외국이라고 해서 그 나라 현지인만 사는 게 아니다. 웬만한 여행지에는 한국인이 운영하는 숙소와 여행사가 대부분 있다. 과연 한국인이 진출하지 않은 나라가 있을까 싶을 정도로 한국인이 운영하는 여행업체는 수두룩하다. 정보도 쉽게 얻을 수 있고 한국인 동행도 구할 수 있고 여러 모로 편리하다.

꼼꼼하게 준비를 한다

영어를 못해도 준비만 잘하면 여행은 문제없다. 대신 더욱 꼼꼼하게 준비를 해야 한다. 여행을 떠나기 전 세밀한 사전조사가 필요하다. 무엇을 보고 무엇을 하고 무엇을 먹을 것인지, 이동 루트, 목적지를 찾아가는 방법, 교통수단을 이용하는 방법 등. 쉽게 말해서 뭔가를 영어로 물어봐야 하는 상황을 최소화하는 것. 사전정보가 충분하면 굳이 못하는 영어를 사용하지 않아도 된다. 성격이 세심하고 계획 세우는 걸 좋아하는 유형이라면 이 방법을 추천한다.

젖은 낙엽수법

영어도 못하지만 준비하는 것도 귀찮은 유형에게 권한다. 아주 간단하다. 영어 잘하는 사람 옆에 착 달라붙어 떨어지지 않기. 마치 늦가을 젖은 낙엽처럼 말이다. 처음부터 영어 잘하는 사람을 동행으로 구하면 만사형통이다. 아니면 여행지에서 영어 잘하는 사람을 동행으로 만드는 것도 방법이다. 언뜻 쉬워 보이지만 이 방법을 구사하는 건 대단한 능력이다. 내게 없는 남의 능력을 적절히 활용하는 자체가 또 하나의 능력이 아닐까?

아들과 동남아시아 3개국 여행을 할 때 라오스에서 만난 여행자가 있었다. 그녀는 아이 둘을 데리고 다니는 내 또래의 엄마였는데 본인은 영어 한마디 할 줄 몰랐다. 그런데도 가는 곳마다 영어 잘하는 동행을 만나 불편 없이 다녔단다.

이 방법을 쓰려면 영어능력자 동행이 나를 귀찮게 여기지 않게끔 해야 한다. 가는 게 있어야 오는 게 있는 법. 도움을 받는 대신 맛난 밥을 산다든지, 숙박비를 더 부담한다든지, 그에 상응하는 보답이 있어야겠다.

번역 애플리케이션을 이용한다

날이 갈수록 번역 애플리케이션이 발전하고 있다. 언젠가는 외국어를 힘들게 배우지 않아도 전 세계인과 자유롭게 대화가 가능하기를 기대해 본다. 현재 쓰이는 애플리케이션 중에서 **구글 번역과 파파고가 성능이 우수**하다. 구글 번역은 음성인식뿐만 아니라 이미지 번역과 오프라인 모드까지 가능해서 매우 유용하다. 게다가 100가지가 넘는 언어를 지원한다. 파파고는 번역시 온라인 상태에서만 사용할 수 있고 한국어, 영어, 중국어, 일본어 등 4개국 언어만 가능하다. 여행영어책 한 권을 통째로 집어넣은 것과 마찬가지인 '글로벌 회화' 부분은 오프라인 모드에서 쓸 수 있다.

여행영어, 너는 누구냐?

영어는 그저 도구

영어 때문에 자유여행을 망설이는 사람들은 "영어만 잘하면 얼마나 좋을까?"라고 한탄한다. 그런데 이 대목에서 짚고 넘어가야 할 게 있다. 여행자에게 필요한 것은 유창한 영어실력이 아니라 여행하기에 무리 없을 정도의 의사소통 능력이다. 즉 그냥 영어가 아니라 콕 집어 '여행을 위한' 영어를 말한다. 범위가 굉장히 좁혀진다. 목적도 굉장히 분명하다. 여행을 위한 영어, 여행영어에서 방점을 찍어야 하는 것은 영어가 아니라 '여행'이라는 것. 영어는 여행을 불편 없이 하기 위한 여러 가지 도구 중 하나일 뿐이다. 여행을 하기 위한 도구에는 무엇이 있을까? 돈도 있어야 하고 시간도 내야 한다. 체력과 정보도 필요하다. 여기에 영어까지 할 줄 알면 더할 나위 없다. 그런데 그중 하나가 부실하다고 해서 여행을 못 하지는 않는다. 그것 대신 다른 도구들을 더 활용하면 되니까.

예를 들어 엄마가 요리를 한다고 치자. 요리를 하려면 칼, 도마, 밥솥, 냄비, 프라이팬 등이 필요하다. 그런데 마침 도마가 없다면 요리를 포기하고 아이들을 굶길 것인가. 아니다. 도마 대신 커다란 접시를 써도 되고 쟁반을 사용해도 된다. 어떡해서든 요리를 해서 아이들을 먹이려고 하겠지.

도구란 이런 것이다. 있으면 사용하고, 없으면 대용품이라도 쓰는 것. 그래서 있으면 편리하고 없으면 불편한 것. 이런 의미에서 여행영어는 잘하면 편리하고, 못하면 불편하다. 단지 그것뿐이다. 그런데 우리는 영어를 잘하면 자랑스러워하고, 영어를 못하면 창피해 한다. 여행을 갔는데 여행 자체보다 영어를 잘하느냐 못하느냐에 더 신경을 쓴다. 그 이유는 자꾸 영어를 목적으로 착각하기 때문이다. 주객이 전도되었다. 진짜 목적은 영어가 아니라 여행이다. 영어를 머리 위에 올려놓고 모시지 마라. 영어에 감정이입을 하지 마라. 도마가 없다고 창피해 하느라 아예 밥을 안 하는 엄마는 없다. 강조하지만 여행에서 영어는 막 굴려도 되는 도구다. 그것도 유일한 도구가 아니라 여러 가지 도구 중 하나일 뿐이다. 그까이거 영어, 좀 만만하게 바라보자.

원어민 영어 말고 글로벌 영어

여행에서 영어가 필요한 이유는 의사소통을 하기 위해서다. 국제사회에서 공용어처럼 통하는 언어가 영어다. 이때 영어는 미국이나 캐나다, 영국에서 쓰는 원어민 영어와는 약간 다른 의미로 '글로벌 영어'라고 생각하면 된다. 쉽고 간단하고 금방 뜻이 통하는 영어다. 원어민들끼리나 통하는 관용어나 슬랭은 거의 사용하지 않는다.

영어를 모국어로 사용하는 지역 외에 대부분의 나라에서는 영어가 제2외국어이다. 우리나라 사람들은 동남아시아, 동아시아, 유럽 등을 가장 많이 여행한다. 여행지에서 우리는 영어 원어민보다는 우리처럼 영어가 외국어인 사람들을 주로 만나게 된다는 이야기다. 이들은 미국식 영어를 구사한다기보다 '글로벌 영어'를 구사한다. 의사소통이라는 목적에 딱 맞는 실용적인 영어다.

우리는 미국식 영어가 표준이라고 생각하지만 실제로는 그렇지 않다. 세상에는 정말 다양한 영어가 존재한다. 사람들은 각각 자기나라 악센트가 들어간 영어를 구사한다. 콩글리시라고 꼭 부끄러워 할 일도 아니다. 누가 원어민에 가까운 발음을 하느냐보다는 얼마나 의사소통이 되느냐가 중요하다. 틀린 영어를 할까봐 한 마디도 못 하는 것보다는 콩글리시라도 시도해서 상황을 해결하는 게 백번 낫다. 콩글리시를 하더라도 뜻만 통하면 되는 거다.

표정, 태도, 몸짓이 더 중요해

의사소통에서 언어가 차지하는 비중은 얼마나 될까? 언뜻 봐도 거의 대부분일 것도 같고, 적게 봐도 절반 이상이라고 생각하기 쉽다. 놀랍게도 실제로는 아주 작은 부분이다. 우리는 의사소통을 언어로만 하지 않기 때문이다. 언어를 제외한 표정, 태도, 몸짓, 눈빛, 자세가 55%를 차지한다고 한다. 나머지도 순전히 말소리가 차지하는 비율은 7%이고, 그밖에 억양, 악센트가 38%를 차지한다.

오랜만에 만난 친구가 나에게 "너 참 예뻐졌네!"라고 했다면 단순히 말소리만 듣지 않는다. 친구의 표정, 태도, 억양으로 그게 칭찬인지 비난인지 금방 알아챈다. 간혹 여행자끼리 서로 자기나라 언어로 말하는데도 희한하게 의사소통이 되는 경우가 의외로 많이 있다. 최대한 상대방의 말을 들어주겠다는 열린 태도를 가졌을 때 이런 기적(?)이 일어난다.

아들과 폴란드를 여행할 때였다. 버스터미널에서 기차역을 찾고 있었다. 터미널 직원은 train이라는 단어를 못 알아들었다. 아들이 유창한 영어로 몇 번이나 물어봤지만 허사였다. 어쩌면 영어를 전혀 할 줄 모르는 것 같기도 했다. 마침내 내가 내뱉은 한마디로 한방에 해결이 되었다. 그건 한국말 '칙칙폭폭'이었다. 내가 "칙칙폭폭!"이라고 외치자 그는 이제야 알겠다는 듯 환하게

기차역 매표소

웃으며 손가락으로 저쪽을 가리켰다. 기차를 의미하는 우리말 '칙칙폭폭'이 폴란드 사람에게도 통하더라.

우리는 기껏 내뱉은 한마디가 콩글리시 발음일까 봐, 틀린 문장일까 봐 걱정을 한다. 앞의 통계를 보면 소리 자체에 너무 연연하지 않아도 될 것 같다. 부족한 발음과 문장은 표정과 몸짓으로 보충하면 된다. 한국어는 높낮이 없이 평평한 언어다. 한국어를 하면서 몸짓을 섞어서 말하면 이상해 보인다. 한마디로 우리말은 정적인 언어다. 영어는 그 반대로, 한국어와 달리 몸짓을 더할수록 의사표현이 잘된다. 약간 과장하는 느낌이 들 정도로 표정과 몸짓을 풍부하게 하는 게 자연스럽다. 영어가 자신 없을수록 표정, 태도, 몸짓을 많이 활용하시길.

여행지에서 하루 종일 돌아다니다 식당에 들어갔다. 너무 배가 고픈 상태다. 음식을 주문하면서 "I'm so hungry!"라고 말한다. 그런데 한국말 하듯이 평평하게 표정 없이 말하는 거랑 배를

움켜쥐고 정말 배고픈 표정으로 말하는 거랑 어느 게 더 잘 통할까? 후자라면 조금 더 빨리 음식을 갖다 줄지도 모른다.

드디어 음식이 나왔다. 맛나게 먹다가 실수로 포크를 떨어뜨렸다. 검지와 중지를 포크처럼 만들어 찍는 시늉을 하면서, 직원에게 "Fork, please."라고 부탁한다. 이때 'F' 발음을 잘못해서 'Pork' 라고 했을지라도 직원이 돼지고기를 갖다 주지는 않을 게다. 당신의 발음보다는 몸짓으로 포크를 원한다는 걸 알 수 있으니까.

이미 아는 것을 활용하기

"저 영어 하나도 못해요."

내가 만난 대부분의 수강생들이 하는 말이다. 자동차의 백미러에는 이런 문구가 적혀 있다.

"사물이 보이는 것보다 가까이 있음"

나는 그들에게 이렇게 말한다.

"생각하는 것보다는 잘할 걸요?"

이건 위로하려고 하는 말이 아니다. 사실이 그렇다. 한국에서 중·고등학교를 나온 사람이라면 기본적으로 아는 단어들이 꽤 된다. one, two, three 모르는 사람 없고 하늘=sky, 나무=tree, 손=hand, 사과=apple 정도는 누구라도 알고 있다. 따로 공부하지 않았지만 이미 머릿속에 들어 있는 약간의 단어들, 또 일상에서 영어를 많이 섞어서 사용하는 한국사회의 언어습관(결코 권장할 만한 일은 아니지만) 때문에 알게 모르게 아는 단어들, 이것만 따져 봐도 최소한 100~200개는 될 게다. 이 정도면 아주 기본적인 의사소통은 할 수 있다.

여행영어에서 얼마나 많은 단어를 알고 있느냐는 중요하지 않다. 진짜 중요한 것은 어떻게 그것을 최대한 활용하느냐의 문제다. 50개만 알아도 그걸 다 활용하면 마치 100개를 아는 것 같은 효과를 내지만 100개를 알아도 포기하고 입을 다문다면 50개를 아는 것만도 못하다. 그렇다면 아는 걸 다 활용할 수 있는 비법은 뭘까. 아주 쉽다. '**창피해 하지 말고 적극적으로 말하기**'만 하면 된다.

내가 아들과 처음 여행을 시작한 11년 전이 딱 그랬다. 중·고등학교 이후 영어를 접한 적이 없지만 장기기억에 저장된 유치원 단어가 조금 있는 정도. 간단한 문장도 말할 줄 몰라서 거의 단어로만 의사소통을 했다. 신기하게도 그런 영어로 21일 동안 무탈하게 캄보디아, 라오스, 태국을 돌아다녔다. 비결은 단순하다. 영어를 그저 도구로 생각했다. 할 줄 아는 말을 총동원해서 상황을 해결하는 데만 집중했다.

예를 들면 이런 식이었다. "Korean, Lao, Airplane, 슝~, Chiang mai" 물론 과장된 몸짓은 필수. "우리는 한국 사람인데요, 라오스에서 비행기 타고 치앙마이에 왔어요." 창피함 따위는 내 사전에 없었다. 왜냐하면 초보 여행자로서 동남아시아 3개국 배낭여행을 준비하는 것만으로도 벅찼기 때문이다. 어차피 못하는 영어인데 그것까지 신경 쓸 여유는 없었다. 대신 알고 있는 단어만큼은 최대한 활용을 했다. 나의 영어를 전혀 창피해 하지 않았기 때문에 가능한 일이었다. 영어보다는 여행 자체에 목적을 두니 못하는 영어로도 여행을 즐길 수 있었다.

어른에게 권하는 여행영어 연습법

여행을 위한 영어에서 필요한 말

여행을 목적으로 하는 영어는 두 단계로 이루어진다.

기초가 되는 1단계는 '상황별'로 필요한 말이다. 흔히 여행영어책에 나오는 내용으로 기내에서 필요한 말, 공항에서 필요한 말, 호텔에서 필요한 말, 쇼핑할 때 필요한 말 등등이다. 여행을 하기 위해 직접적으로 알아야 하는 것들이다. 이런 말은 형식이 딱 정해져 있다.

그 다음 2단계는 현지인이나 다른 여행자와 '대화하기 위해' 필요한 말이다. 어떤 주제건 자유자재로 구사할 수 있다면 바랄 나위가 없겠지만 이건 비현실적인 욕심일 터. 인사와 자기소개,

간단한 안부를 주고받는 정도만 되어도 여행이 즐거워진다. 만약 1단계를 할 수 있다면 2단계까지 욕심내 볼 만하다. 그러나 사실 1단계만 할 줄 알아도 여행이 정말 편리해진다. 1단계만이라도 잘할 수 있었으면 좋겠다는 게 우리의 바람이다.

다행인 건 1, 2단계 모두 기초영어에 해당한다. 즉 여행영어는 기초영어만 마스터하면 게임 끝. 그리 어려운 영어가 아니라는 뜻이다. 그러나 이게 쉬우면 우리가 왜 영어타령을 하고 있겠나. 기초영어를 (읽고 해석하는 게 아니라) 말할 수 있기까지는 오랜 연습이 필요하다. 적지 않은 시간과 에너지를 들여야만 한다. 몇 십 년의 공백을 사이에 두고 중년의 나이에 영어를 시작하기란 쉽지 않은 일이다.

문장을 외우면 될까?

그렇다면 1단계의 문장들만 달달 외워서 사용하면 되지 않을까? 그런데 이게 만만치 않다. 집에 있는 여행영어책을 한번 펼쳐보라. 그 한 권에 수백 개의 문장들이 들어 있다. 보기만 해도 한숨이 나온다. 엄두가 안 난다. 나이가 들수록 깜박깜박 기억력은 떨어지거늘. 한창 공부하던 10대, 20대도 아니고 저 많은 문장들을 어찌 다 외우나. 설사 외운다 해도 돌아서면 까먹을 게 분명하다. 그렇기 때문에 '최소한의 기본문장'이 필요하다. 너무 많은 것도 말고, 너무 자세한 것도 말고 꼭 필요한 최소한의 문장이 절실하다.

두 번째로 부딪치는 문제는 외웠어도 실제상황에서는 튀어나오지 않는다는 것이다. 분명 속으로는 좔좔 읊어지는데 말소리로 튀어나오지가 않는다. 알고 있는 거 맞는데 이게 어쩐 일인가? 이유는 간단하다. 아는 것과 말하는 것은 다르다. 다시 말해 안다고 해서 다 말할 수 있는 게 아니다. 그 문장을 머리로 공부했지 언어로 익힌 게 아니라는 뜻이다.

사람들은 언어를 익히는 것을 공부하는 걸로 착각하는 경우가 많다. 우리가 중·고등학교 시절 그렇게 영어를 '공부했기' 때문이다. 그때 우리는 '영어 말하기'를 배운 적이 없었다. 문법에 따라 맞고 틀리는 공부를 했을 뿐이다. 그래서 여전히 소리 내어 말하는 연습을 하지 않고 머리로 외우는 공부를 한다. 그러면 머리로만 알게 되지 몸이 할 줄 아는 게 아니다. 언어는 머리가 아니라 몸으로 하는 것이다. 내 입과 혀 근육이 영어를 하기 좋게 충분히 훈련되어 있어야 비로소 그 소리가 튀어 나온다. 수영을 책으로 배우려는 사람이 있을까? 직접 물에 들어가 몸에 배도록 연습을 하지 않는다면 절대 수영을 배울 수 없다. 영어 배우기도 마찬가지다. 몸으로 익혀야 한다. 즉 입으로 큰 소리를 내어 반복해서 연습해야 한다.

어른의 연습법

우리 중년은 새로운 언어를 배우기에 젊은이들보다 불리한 게 사실이다. 우선 기억력이 현저하게 떨어진다. 중·고등학교 시절 수학은 못했어도 암기과목만큼은 문제없었다는 사람이라도 마흔이 넘어가면 절대 기억력을 자신하지 못하게 된다. 고백하자면 내 이야기다. 일찍이 아들로부터 '까마귀엄마'라는 말을 들을 정도로 기억력이 저하되었다.

또 학생 때처럼 공부할(연습할) 시간이 많지 않다. 내가 뒤늦게 영어공부를 하면서 뼈저리게 느낀 지점이었다. 기억력보다 집중할 시간이 부족하다는 것이 더 문제였다. 전업주부의 시간이란 늘 조각조각 난 틈새시간이다. 공부에만 오롯이 집중할 시간이 별로 없다. 아마 직장을 다니는 사람이라면 더 부족할 것이다. 해주는 밥 먹고 공부만 하던 전업학생 시절이 좋았다는 걸 나이 먹어 알게 되었다.

그래서 중년의 영어연습법은 젊은이들의 경우와는 조금 다르게 접근해야 한다. 더 간단하게, 더 쉽게, 그리고 꼭 필요한 것만.

첫째, 기본문장만 익혀라

여행영어는 기초영어라고 했다. 기본적인 문장만 익히면 된다. 그것도 꼭 필요한 최소한의 문장만 알면 된다. 너무 많이 알려줘도 부담만 된다. 어차피 소화하기 힘들다.

둘째, 반드시 입으로 연습하라

기본문장은 반드시 입으로 연습해야 한다. 작은 소리로 웅얼거리는 것이 아니라 큰 소리로 외치는 게 좋다. 톡 치면 툭 튀어나올 정도로 몸에 배게끔 반복한다. 한꺼번에 많은 시간을 하기보다는 조금씩 자주 하는 게 더 기억에 오래 남는다. 방문마다 쪽지를 붙여놓고 오며가며 연습하는 방법을 권한다. 따로 시간을 내지 않고도 일상에서 자연스럽게 연습할 수 있다.

셋째, 포인트만 전달하라

능력이 된다면 문장 전체를 익히고, 그게 어렵다면 할 수 있는 만큼만 해도 된다. 즉 문장 전체를 완벽하게 익히지 않아도 괜찮다. 핵심 포인트가 되는 한 단어나 두 단어만 전달해도 뜻은 통한다. 완벽하게 하려다 질리는 것보다는 부족하게 해도 포기하지 않는 게 이득이다. 여기에서 중요한 건 '포인트'가 되는 단어다. 하고자 하는 말을 단번에 표현해주는 하나의 핵심 단어를 말한다.

넷째, 내게 가장 편한 것(가장 간단한 것) 1개만 익혀라

같은 뜻이라도 표현은 여러 가지다. 그걸 다 익히려 애쓰지 말고 딱 1개만 익히자, “한 놈만 팬다.”는 영화 대사도 있잖은가. 내가 쓰기에 가장 편한 문장 1개만 말할 수 있으면 된다. 아마 가장 간단한 문장이 가장 쓰기 편한 문장일 것이다.

다섯째, 미소와 몸짓을 같이 하라

한국어가 평면적인 언어라면 영어는 입체적인 언어다. 말소리 외에 다른 표현수단을 같이 사용하는 게 효과적이다. 손짓, 발짓 같은 몸짓을 같이 해보자. 훨씬 의사전달이 잘된다. 더불어 미소는 여행자의 필수소지품. 내 나라가 아닌 곳에서 여행자란 늘 약자의 위치이다. 웃는 얼굴에는 침 뱉지 못하는 법이니 같은 말이라도 미소와 함께라면 더 잘 통한다.

영어강좌 선택법

나이 들어서 여행을 위해 영어공부를 하겠다고 마음을 먹기란 정말 어려운 일이다. 그럼에도 불구하고 한번 도전해보겠다면 짝짝짝 박수를 쳐주고 싶다. 내가 영어공부라고 했지만 그건 우리에게 익숙한 표현이기 때문에 그리 한 것일 뿐, 실제로는 영어연습이라고 해야 정확하다. 더구나 다른 목적이 아닌 ‘여행을 위한’ 영어라면 당연히 공부가 아닌 연습을 해야 한다.

일단 자신에게 맞는 방법을 찾는 게 우선순위다.

나는 처음에는 영어 학원을 다녔다. 동네 근처에 있는 학원을 다녀보니 성에 차지 않아서 멀리 강남까지 나갔다. 강남의 학원은 강사도 교수법도 맘에 들었고 나도 꽤 열심히 다녔지만 문제는 체력이었다. 직장인도 아니면서 출퇴근 버스에 매일 왕복 2시간이 넘게 시달리니 몸이 배겨나질 못했다. 결국 중도포기하고 안착한 것은 온라인 강좌였다. 길에다 버리는 시간도 없고 집에서 아무 때나 반복해서 들을 수 있으니 나에게는 딱 맞는 방법이 되었다.

누군가에게는 학원이 맞을 수도 있고 나처럼 온라인 강좌가 좋은 사람도 있을 테고, 1 대 1 개인교습이 적절할 수도 있다. 혹은 책을 보고 독학을 할 수도 있다. 사람마다 타고난 성향과 처해진 상황이 다르다. 남들이 추천하는 방법을 나에게 똑같이 적용했다고 해서 나도 성공하리라는 보장은 없다. 우선은 이것저것 시도를 해봐야 무엇이 나에게 적합한지 알 수 있다.

그렇다면 구체적으로 어떤 강좌를 골라야 할까? 시중에는 수많은 강좌가 서로 자기네 방법이 최고라고 광고를 한다. 팟캐스트나 티브이, 유튜부 등 무료 강의도 넘쳐난다. 그중에는 정말 알차고 효과 좋은 강의가 숨어 있다. 고르는 기준을 명확히 하면 선택이 쉬워진다. 내가 생각하는 어른의 영어강좌 선택 기준은 다음과 같다.

"기본문장을 입으로 연습할 수 있는 강의인가?"

앞에서 여행영어는 기초영어라고 했다. 우리에게 필요한 것은 거창한 게 아니다. 오직 기본만 제대로 익히면 된다. 그런데 자신의 현실은 생각지 않고 너무 높은 곳만 바라보는 사람들이 있다. 기초강의를 들어보면 굉장히 쉽다. 내 수준과는 맞지 않는 것처럼 보인다. 다 착각이다. 읽거나 해석이 가능한 것을 자신의 말하기 실력이라고 착각하기 때문이다. 눈으로 보면 다 아는 것 같지만 실제 상황에서도 스스럼없이 그 말을 내뱉을 수 있는가? 남들이 하는 것을 보면 굉장히 쉬워 보이고 그 정도쯤은 나도 할 수 있을 것 같은데, 실제로는 하지 못한다. 기초도 안 되어 있는 사람이 기초를 우습게 여기면 결코 영어를 익힐 수 없다.

어떤 강의는 내용은 굉장히 훌륭한데 강사 혼자서만 열강하다가 끝난다. 수강생은 열심히 들었다는 뿌듯함이 남을지 몰라도 말하기에는 아무 도움이 되지 않는다. 듣기만 하는 강의로는 말하기를 배울 수 없다. 수강생이 직접 소리를 내어 연습하게 해야 한다. 강의 후에 따로 혼자서 연습을 하기는 사실 어렵다. 강의 중에 따라 하게 만들고, 자꾸 연습을 시켜줘야 효과적이다.

이러한 강좌를 골라 꾸준히 열심히 해야 비로소 말이 는다. 한두 달로는 성과를 보기 어렵다. 6개월 이상, 1년 이상의 시간과 노력이 필요하다. 물론 쉽지 않은 일인 걸 잘 안다. 하지만 이렇게 생각을 해보면 어떨까? "1, 2년 노력해서 20년, 30년을 써먹을 수 있다!" 좀 솔깃해지지 않는가? 마음이 움직이는 사람들은 한번 도전해 보시길.

최소한의 영어로 여행하기

이 나이에 새삼 영어를 시작하지 않겠다고 해도 나무랄 사람은 없다. 모든 여행자가 꼭 영어를 잘해야만 하는 것은 아니므로. 최소한만 알아도 여행을 할 수 있다. 그래서 알려드리는 최소한의 영어로 여행하는 방법!

영어를 잘 못하는 사람에게는 최소한의 영어가 필요하다. 친절하게, 너무 많이, 너무 자세하게 알려줘도 반갑지 않다. 부담만 될 뿐이다. 어차피 그걸 다 익히지도 못한다. 가장 기본이 되면서도 꼭 필요한 것, 그것만 알면 여행이 가능하다. **내가 생각하는 최소한의 영어는 '톡톡 문장(기본 문장)'과 '필수단어', 두 가지다.** 이것만 제대로 알아도 꿀 먹은 벙어리 노릇은 피할 수 있다. 물론 기본적인 의사소통 역시 가능하다.

톡톡 문장

톡 치면 툭 하고 튀어나올 정도로 몸에 배게 하라는 뜻이다. 생각하지 않고도 입에서 튀어나오게 만들어야 한다. 톡톡 문장은 의사소통에 있어서 가장 기본이 되면서도 가장 중요한 표현이다.

'긍정과 부정', '안녕하세요?', '안녕히 가세요', '고맙습니다', '미안합니다', '~해 주세요'가 있다.

<긍정과 부정>

갓난아기가 본능적으로 제일 먼저 표현하는 게 뭘까? 지금 내 상태의 좋고 싫음이다. 좋으면 웃고 싫으면 운다. 즉 긍정과 부정의 표현이다. 여행지에서도 긍정과 부정을 분명하게 표현하는 건 매우 중요하다. 그런데 우리나라 문화는 '싫다'고 표현하는 것을 '건방지다 혹은 되바라지다'라고 받아들이는 경향이 있다. 특히 여성들의 경우 더욱 이런 분위기 속에서 자라기 때문에 여행을 가서도 "NO"라는 표현을 어려워한다. 괜히 NO라고 말해서 상대를 불편하게 만드느니 내가 참고 말지 하는 식이다. 이러면 상대는 내 의사와는 다르게 긍정의 의미로 받아들이거나 속을 알 수 없는 수상한 사람으로 취급한다. 그 결과 전혀 원하지 않는 일이 벌어질 수도 있다. 여자들이여, NO를 두려워하지 마시라. 상대방이 불편하건 말건 그건 그의 몫이지 우리가 책임질 일은 아니다. 당당하게 NO라고 말하자.

긍정: Yes, Of course, Sure, Good

일반적으로 긍정의 의미는 Yes다. 때에 따라서는 Of course, Sure, Good도 사용할 수 있다. Yes만 사용하기가 단조로울 때 같이 쓰자.

강한 긍정: Yes!, Great!, Cool!

일반적인 긍정보다 더 강한 느낌을 표현하고 싶을 때는 느낌표(!)를 붙이면 된다. "굉장한데! 멋있어! 대단해!"라는 표현은 "Great!" 또는 "Cool!"로 하면 적절하다. Cool은 보통 시원하다로 알고 있지만 "너 멋있다!", "너 굉장한데!"라는 뜻으로도 많이 쓰인다. 날씨가 전혀 시원하지 않은 상황에서 상대가 "Cool!"이라고 말했다면 그건 칭찬의 의미로 받아들일 것.

부정: No, Not really, Bad, I'm sorry

부정의 의미는 누구나 알고 있는 No다. 그밖에 Not really, Bad, I'm sorry 등도 같이 쓰인다. I'm sorry는 대놓고 No라고 하지 않아도 거절하는 의미가 된다. 우리나라 말도 그렇다. 누군가 무엇을 부탁했을 때 "미안해"라고 하면 "미안하지만 안 되겠어"라는 의미인 것과 같다.

강한 부정: No!, Terrible!, awful!

강한 긍정이 있으면 당연히 강한 부정도 있다. 역시 느낌표(!)를 붙여 강하게 표현한다.

애매모호, 모름: Maybe, Not sure, So-so, I don't know, Not bad

우리가 항상 긍정과 부정을 확실하게 느끼는 건 아니다. 상황이 애매모호할 때, Yes인지 No인지 잘 모를 때 사용한다.

<안녕? 안녕! 고마워, 미안해>

아이가 자라 말을 하고 타인과 관계를 맺게 되면 제일 먼저 배우는 게 뭘까? 인사에 해당하는 표현이다. "안녕하세요? 안녕히 가세요." 그 다음으로는 기초적인 예의를 배운다. "고맙습니다. 미안합니다." 여행자에게 YES와 NO 다음으로 중요한 말도 이것이다. 특히 이 말들은 영어로도 물론 알아야 하지만 현지어로 알아두는 게 좋다. 그 나라 언어를 다 배우고 가지는 못할지라도 적어도 인사말 정도는 알아두는 게 여행자로서의 예의라고 생각한다. 단 네 마디에 불과하므로 익히기 어렵지도 않다. 게다가 영어보다 현지어로 말하면 훨씬 대접을 받는다. 살짝 입장을 바꿔 생각해 보자.

우리나라에 여행 온 외국인을 거리에서 만났다. 그가 안 되는 발음으로 "안녕하세요?"라고 인사한 뒤 길을 묻는다. 내가 길을 가르쳐주니 다시 "고맙습니다."라고 인사한다. 이때 이걸 기특하게 여기지 않을 한국인이 있을까? 심지어 그가 찾는 곳까지 직접 데려다 주고 싶어질지도 모른다. 문화가 다르다고 해서 사람 감정까지 다르지는 않다.

안녕하세요?: Hello, How are you?, Hi

우리는 "안녕하세요?"에 해당하는 영어로 "Hi"를 먼저 떠올린다. 미국식 영어에 익숙한 탓이다. 물론 틀린 표현은 아니다. 허나 실제 여행지에서는 Hi보다 Hello, How are you?가 더 많이 쓰인다.

안녕히 가세요!: Bye!, See you later, See you again

헤어질 때 인사는 "Bye!"만으로도 충분하다. 같은 숙소에 머문다거나 또 만날 일이 있는 경우에는 See you later, See you again 정도가 적절하다.

실바늘 문장: 고맙습니다-천만에요 / 미안합니다-괜찮아요

Thank you.-You're welcome. / I'm sorry.-It's ok(I'm all right).

처음 여행을 하는 한국인들이 외국인들에게 놀라는 게 있다. 바로 아주 사소한 일에도 "Thank you."와 "I'm sorry."를 입버릇처럼 말한다는 점이다. 뭐 그리 고맙거나 미안한 일도 아닌데 습관처럼 튀어나온다.

우리나라에서는 고맙거나 미안한 상황인데도 쑥스러워서 이런 말을 안 하는 경우가 많다. 또 연장자가 나이어린 사람에게, 부모가 자식에게, 상사가 부하 직원에게 솔직하게 고맙다거나 미안하다고 하는 걸 어색하게 여긴다. 결코 바람직한 태도는 아니다. 만약 여행지에서도 그렇게 행동한다면 십중팔구 환영받지 못하는 여행자가 될 뿐이다. 부디 개념 없는 코리언이 되지 마시길.

또한 Thank you와 I'm sorry에는 반드시 따라붙는 문장이 있다. Thank you와 I'm sorry가 바늘이라면 이것들은 실이다. 상대가 "Thank you."라고 감사를 전했을 때 "You're welcome."이라고 화답하는 것, 또 "I'm sorry."라고 사과했을 때 "It's ok.(I'm all right.)"라고 말해주는 것, 이 두 가지는 바늘과 실처럼 항상 붙어 다니는 문장이다. 일종의 예의고 문화다. "Thank you."나 "I'm sorry."라는 말을 듣고도 묵묵부답이라면 '저 사람은 영어를 못 하는구나'라고 이해하기보다는 '무례한 사람이군'이라고 판단할 확률이 높다. 그러니 "You're welcome."과 "It's ok."를 잊지 말 것. 물론 큰 잘못을 저질러서 용서하고 싶지 않은 사람에게는 "It's ok."라고 말하지 않아도 된다.

미안하지만 사양합니다: No. thank you.

정중하게 거절할 때 쓰는 말이다. 그냥 "No."만 해도 물론 거절의 의미가 되지만 예의를 차려서 거절하는 방법이다. 간단하면서도 유용한 표현이니 많이 활용하자.

sorry의 확장 sorry?: 미안하지만 다시 말해 주실래요? 미안하지만 비켜 줄래요?

'미안합니다'라는 뜻 외에도 sorry가 가지는 다른 뜻이 있다. 일종의 확장된 의미라고 보면 된다. "sorry?"라고 끝을 올려 물음표를 붙이면 "미안하지만 ~를 해주시겠어요?"라는 말이 된다. 주로 "미안하지만 다시 말해 주실래요?", "미안하지만 비켜 줄래요?"라고 쓰인다.

상대방의 말이 너무 빨라서 제대로 듣지 못했을 때나 말이 너무 길어서 잘 이해가 가지 않을 때, "sorry?"라고 한 마디만 하면 된다. "당신 얘기를 잘 못 알아들었어요. 미안하지만 다시 말해 주실래요?"라는 뜻이다. 아마 더 정확하고 간단하게 이야기해 줄 것이다.

슈퍼마켓이나 상점에서 물건을 찾는데 앞사람에 가려서 보이지 않는다면 그에게 살짝 "sorry?"라고 말해보라. "가게 안이 복잡해서 물건을 찾기가 힘드네요. 미안하지만 좀 비켜 줄래요?"라는 뜻이 된다. 웬만하면 바로 비켜 줄 것이다. 이러고저러고 복잡하게 설명할 필요 없이 간단한 한 마디로 상황을 해결할 수 있다.

<마법의 단어 **~please**>

예의바르게 요구하거나 부탁할 때 쓰는 말. 원하는 단어에 **please**만 붙여도 해결되는 상황이 아주 많다. '~를 주세요. ~를 갖다 주세요. ~해주세요.' 다 통한다. 영어가 서툰 사람에게는 그야말로 마법 같은 효과를 내는 단어다.

"Water, please." "Menu, please."

"Check, please." "Check out, please."

단어만 알아도 오케이

영어를 문장으로 말하지 못한다 해도 너무 걱정마시라. 단어만 제대로 알아도 여행이 가능하다. 나도 처음에 그렇게 여행을 했다. 여행에서 쓰이는 단어는 정해져 있는데 그것만 익히면 된다. 단어를 익히는 데는 두 가지 단계가 있다. 1단계는 단어를 보거나 듣고 뜻만 아는 것. 2단계는 뜻도 알고 말할 수도 있는 상태. 기왕이면 말도 할 수 있도록 익히는 게 유용하다. 네이버 같은 포털 사이트 사전에서 영어단어를 검색하면 발음을 들을 수 있다.

여행을 위한 필수단어는 여행영어책을 보면 나온다. 공항에서,

기내에서, 거리에서, 택시·버스에서, 기차·전철에서, 호텔에서, 식당에서, 관광 쇼핑할 때, 입국카드 쓰는 법 등 상황별로 나뉘어져 있다. 이것들을 다 알면 제일 좋겠지만 그러기에 벅차다면, 나에게 꼭 필요하겠다 싶은 것들만 외운다.

이 가운데 특히 '공항에서' 부분은 전체를 완벽하게 익혀야 한다. 한국에서 출국을 할 때는 모든 절차가 우리말로 이루어지니 별 문제될 게 없다. 그러나 여행 간 도시의 공항에서는 모든 것이 영어로 진행된다. 한국으로 무사히 돌아오려면 적어도 공항에서 쓰이는 단어만큼은 정확하게 알아야 한다. 그밖의 다른 상황에서는 손짓, 발짓을 해서라도 의사소통을 하면 되니까 너무 걱정하지 않아도 된다.

공항에서

가장 중요하다. 전부 외울 것!

공항, 여권, 인터넷 예약, 비행기표, 전자티켓, 왕복티켓, 탑승권, 환승, 연착, 취소, 국내, 국제, 여행자, 탑승구, 면세점, 수하물 찾는 곳, 출입국관리소, 카트, 분실, 출구, 입구, 환전, 출발, 도착, 통로좌석, 창가좌석, 노트북, 통역사, 파손주의, 확인

airport, passport, online booking, plane ticket, E-ticket, return ticket, boarding pass, transfer(transit), delay, cancel, domestic, international, traveler(tourist), gate, duty-free shops, baggage claim, immigration, luggage carrier(trolley), missing, exit, entrance, money exchange, departure, arrival, aisle seat, window seat, laptop, interpreter(translator), fragile, confirm

기내에서

승객, 승무원, 일반석, 구명조끼, 안전벨트, 화장실, 비었음, 사용 중, 담요, 베개, 안대, 헤드폰, 식사, 고추장, 기내면세품, 핸드폰, 사이다, 식사테이블, 비행기멀미, 입국신고서, 세관신고서, 서명

passenger, flight attendant, economy class, life vest, seatbelt, restroom(lavatory), vacant, occupied, blanket, pillow, eye patch, headset, meal, red pepper paste, tax-free goods, cell phone(mobile phone), sprite, tray table, airsick, entry card, customs form, signature

거리에서

길, 주소, 지도, 모퉁이, 골목, 횡단보도, 신호등, 오른쪽, 왼쪽, 이쪽, 저쪽, 똑바로, 위층, 아래층, 안으로, 밖으로, 옆에, 사이에, 앞에, 뒤에, 앞으로, 뒤로, 근처에, 길 건너편, 반대편, 조심, 위험, 고장, 구역, 동네, 약국, 편의점

way(road, street), address, map, corner, alley, crosswalk, traffic light, right, left, this way, that way, straight, upstairs, downstairs, inside, outside, next to, between, in front of, behind, forward, backward, around(near), across the street, the other side, watch out, danger, out of order(out of service), block, area, pharmacy(drugstore), convenience store

택시, 버스에서

택시정류장, 버스정거장, 기본요금, 버스요금, 거스름돈, 동전, 지폐

taxi stand, bus stop, starting fare, bus fare, change, coin, bills

전철, 기차에서

전철역, 기차역, 매표소, 발권기, 편도, 왕복, 시간표, 승강장, 노선도, 식당칸, 일반석

subway station, train station, ticket window, ticket machine, one-way, round trip, timetable, platform, subway map, diner, coach class

호텔에서

리셉션, 예약, 보증금, 와이파이 비밀번호, 전망, 에어컨, 짐, 수건, 칫솔, 치약, 드라이기, 화장지, 전자레인지, 린스, 청소, 모닝콜, 세탁, 추가요금, 개인금고, 식당, 계산서, 입실수속, 퇴실수속

reception, reservation, deposit, wi-fi password, view, air conditioner, baggage(luggage), towel, toothbrush, toothpaste, dryer, toilet paper, microwave, conditioner, clean, wake-up call, laundry, extra charge, safe, dining room, bill, check-in, check-out

식당에서

식당, 주문, 메뉴, 추천하다, 음료, 휴지, 계산서, 단품, 빨대, 포크, 젓가락, 여기서 먹기, 포장, 영수증, 거스름돈
restaurant, order, menu, recommend, drink, napkins, check(bill), single menu, straw, fork, chopsticks, for here, to go, receipt, change

관광, 쇼핑

매표소, 할인, 입장료, 안내소, 팸플릿, 시간표, 매진, 자막, 지불, 포장, 탈의실, 신용카드, 현금, 더 큰 것, 더 작은 것, 교환, 환불
ticket office, discount, admission, information booth(information center), brochure, timetable, sold out, subtitle, pay, wrap, fitting room, credit card, cash, bigger one, smaller one, exchange, refund

입국카드 쓰기

first name, given name: 이름
last name, family name, surname: 성
sex, gender: 성별
male, female: 남자, 여자
nationality: 국적
country of residence: 현재 거주국가(한국)
date of birth: d/m/y: 생년월일
place of birth: 출생국가
passport number: 여권번호
place of issue: 여권발행 국가
date of issue: 여권발행일
date of expiry: 여권만료일
flight number: 비행기편명
purpose of visit: 여행목적
length of stay: 체류기간
address in + 국가 명: 현지숙소 주소
port of last departure: 최종출발지(인천공항)
occupation: 직업
signature: 서명

입국카드 쓰기를 어려워하는 사람들이 많다. 그들을 위한 손쉬운 팁을 알려 드리겠다. 입국카드 부분을 휴대폰으로 촬영해 놓

았다가 필요할 때 보고 쓰면 된다. 아니면 이 부분만 복사해서 아예 여권 뒷면에 끼워 놓으시길. 이러면 간단하게 문제 해결이다. 때로는 잔머리를 굴리는 것도 필요하다.

<여행영어 단어 익히는 방법>

영어를 보고 뜻을 안다면 50%만 아는 것.

반대로 영어 부분은 가리고 한글로 쓰인 뜻만 보기.

한글만 보고 영어로 말할 수 있으면 100% 오케이.

반드시 큰 소리로 읽으며 외울 것.

단어 적은 것을 휴대폰으로 사진 찍어서 수시로 들여다보기.

방문마다 붙여 놓고 오며가며 반복하기.

초간단 필수문장

자유여행 시 꼭 필요한 문장들을 최소한으로 골라 보았다. 만 11년간의 여행 중 실제로 내가 제일 빈번하게 쓰는 문장들이다. 다시 한 번 강조하지만 우리의 목적은 그럴 듯한 발음이나 유창함이 아니라 닥친 상황을 해결하는 데에 있다. 문장 전체를 빠짐없이 말할 수 있으면 완벽하겠지만 그렇게 하지 못해도 상관없다. 핵심단어만 알고 있으면 뜻은 통한다. 핵심단어란 하고자 하는 말에서 가장 중요한 단어를 말한다. 자신의 수준에 맞추어서 할 수 있는 만큼만 하면 된다.

1단계: 핵심단어 1개로 말하기.

2단계: 핵심단어 2개로 말하기.

3단계: 문장 전체를 말하기.

문장에 따라서 1단계나 2단계로 해도 되고, 자신이 있으면 3단계로 해보자.

예를 들어보겠다. "화장실이 어디예요?"라는 문장이 있다. 여기에서 최고 핵심단어는 "화장실"이다. 화장실만 외쳐도 뜻은 다 통한다. 두 번째 핵심단어는 "어디"이다. 즉 "화장실" 또는 "화장실, 어디?"라고만 해도 알아듣는다.

1차 필수문장 12

필수문장 중에서도 가장 기본이 되는 최소한의 문장이다. 필수문장 38개를 다 익히는 게 어렵다면 이것만이라도 해보자. 아예 입 뻥긋 못하는 것보다는 한결 여행이 수월해진다.

*생리작용을 해결하는 것은 어디에서나 가장 중요한 문제다. 식당이나 카페처럼 당연히 **화장실**을 제공하는 곳에서는 위치를 물어보면 된다. 그밖의 장소(상점 등)에서 급하게 화장실이 필요할 경우에는 그쪽 화장실을 써도 되는지 물어봐야 한다.

화장실이 어디예요?

Toilet(Restroom)? / Where, toilet(restroom)?
/ Where is the restroom(toilet)?

화장실 좀 써도 되나요?

your restroom, please?
/ Can I use your restroom?
Can(May) I please use your restroom?

*여행에서 빠지지 않는 쇼핑, 특히 동남아시아처럼 흥정이 필수인 곳에서는 반드시 알아두어야 할 문장이다.

이거 얼마예요?

How much? / How much is it?

너무 비싸요!

Expensive! / Too expensive! / It's too expensive!

깎아주세요

Discount, please. / Can I get a discount?

*요즘은 스마트폰이 없다면 여행이 불가능할 정도다. 정보 검색을 비롯해 숙소나 식당 예약 등 인터넷 사용을 하려면 필수인 것이 와이파이다. 숙소, 식당, 카페 등을 가면 반드시 물어봐야 한다.

와이파이 비밀번호가 뭐예요?

WI-FI password? / What's the WI-FI password?

*공항 가는 시간에 딱 맞춰 숙소에서 체크아웃을 하기는 어렵다. 중간에 시간이 비기 마련이다. 이때 무거운 짐을 들고 다닐 수는 없는 일. 숙소에 맡겼다가 찾으면 된다.

짐 좀 맡길 수 있을까요?
Keep my baggage, please? / Can you keep my baggage?

*한국에서는 입맛대로 까다롭게 주문하면서 여행 중에는 왜 주는 대로 받아먹는가? 당당히 내 취향에 맞게 얼음도 빼고 설탕도 빼고 원하는 대로 먹어 보자.

얼음 빼 주세요.
No(Without) ice, please.

*관광지에 가면 작은 일을 도와주고는 나중에 대가를 요구하는 경우가 많다. 무료인지 아닌지 반드시 확인하자. 호객꾼이 무언가를 권유할 때도 거절을 분명히 해야 한다.

무료인가요?
It is free? / Is it free?

사고 싶지 않아요. 하고 싶지 않아요.
No, thank you.

I don't want it.

돈이 하나도 없어요.
No money. / I've got no money.
I don't have money.
I have no money.

*요즘에는 구글 맵 같은 온라인 지도를 주로 사용하지만 종이지도 역시 필요하다. 전체적인 동선을 그릴 때는 종이지도가 훨씬 편리하다. 공항이나 호텔, 여행사, 관광안내소에서 얻을 수 있다.

지도 있나요?
Map, please. / Do you have a map?
Can I get a map?

2차 필수문장 26

앞의 12문장을 익혔으면 다음의 문장들로 이어가자.

*여행 가서 제일 많이 하는 사진 찍기. 어떤 장면이나 상대방을 찍을 때 허락 구하기와 내 사진을 찍어 달라고 부탁하는 경우가 있다.

사진 찍어도 되나요?
Picture(Photo)? / Take a picture?
/ Can I take a picture(of you)?

내 사진 좀 찍어 주실래요?
Picture, please. / Could you take a picture of me?

*국내에서 환전을 해갈 수도 있지만 현지 현금인출기에서 현금을 뽑는 경우도 많다.

현금인출기 어디 있나요?
ATM? / Where, ATM? / Where is an ATM?

*어딘가를 찾아가는 일이 곧 여행이다. 장소 찾기에 해당하는 문장은 필수다.

입구(출구)가 어디인가요?
Entrance(Exit)? / Where, entrance(exit)?
/ Where is the entrance(exit)?

나는 전철역을 찾고 있어요.
Subway station? / Looking for, subway station?
/ I'm looking for a subway station.

버스정거장을 못 찾겠어요.
Bus stop? / Find, bus stop? / I can't find the bus stop.

*어딘가를 가야 하거나 기다려야 할 때 얼마나 걸리는지 궁금하다. 걸리는 시간에 따라서 해야 할지 말아야 할지 결정할 수 있다.

걸어서 얼마나 걸리나요?
How long, by walking? / How long is it by walking?
How long does it take by walking?

얼마나 기다려요?

How long? / How long do I wait?

*숙소에서 문제가 생겼을 때 참지 말고 직원에게 대책을 요구해야 한다. 제공되는 물건이 작동하지 않거나 사용법을 모를 경우, 또는 내 방이 너무 춥거나 더울 경우 등이 있다.

드라이기가 고장 났어요.

Dryer, broken. / The dryer is not working.

내 방이 너무 추워요.

My room, cold. / My room is too cold.

이거 어떻게 쓰는 거예요?

How, use this? / How can I use this?

*우리나라에서처럼 1,000원 단위까지 신용카드를 사용할 수 있는 나라는 거의 없다. 유럽이라 해도 소규모의 상점이나 식당에서는 신용카드를 받지 않으므로 사전에 물어봐야 한다. 계산 뒤 영수증 챙기기 역시 필수다.

신용카드 받나요?

Credit card? / Do you take credit cards?

영수증 좀 주시겠어요?

Receipt, please. / Can I get a receipt?

*간혹 이미 지불을 했는데 모르고 다시 요구하는 경우가 있다. 이럴 때는 당황하지 말고 이야기하자.

이미 지불했어요!
Already! / I already paid!
I have paid!

*관광지, 유적지, 박물관 등 티켓을 사야 할 일이 많다. 어디에서 사는지, 문 열고 닫는 시간은 언제인지 확인하자. 가고 싶은 식당이나 상점 역시 영업시간을 알고 있으면 헛걸음을 하지 않는다.

어디서 티켓을 살 수 있나요?
Where, buy ticket? / Where can I buy a ticket?

언제 문 여나요?(닫나요?)
What time(When), open(close)?
/ What time do you open(close)?
When is the opening(closing) time?

*음식을 주문할 때 필요한 말들이다.

지금 주문할게요.
Order, now. / I wanna order now.
I'm ready to order.

전 이걸로 할게요.
This one, please. / I'll have(take) this one.

여기서 먹을게요.
Here, please. / For here, please.

가져갈게요.
Go, please. / To go, please.

냅킨 더 주세요.
Napkin, please. / More napkins, please.
/ Get me more napkins, please.

*그 지역의 음식에 대해서 잘 모를 때 나는 주로 식당 직원에게 메뉴를 **추천**해 달라고 한다. 물론 실패하는 경우도 있고, 매우 성공적인 경우도 있다.

추천해 주실래요?
Recommendation? Recommend? / Any recommendation?
/ What(Which food) do you recommend?
Could you give me some recommendation?

*여행지에서 기념으로 **티셔츠** 하나 정도는 사게 된다. 혹은 그냥 둘러보고만 싶을 때도 많다.

이거 입어 볼게요.
May I? Can I? / I wanna try this on.
Can I try this on?

그냥 둘러볼게요.
Just looking. / I'm just looking. / I'm just looking around.
I'm just browsing.

*입국심사 때 물어보는 질문에 대답하기. 실제로는 아무것도 물어보지 않고 통과되는 경우가 대부분이다. 내가 11년 동안 질문을 받아본 적은 딱 두 번이었다. 현실적으로 이런 대답을 할 일은 의외로 많지 않다(예외로 미국의 경우는 날이 갈수록 입국심사가 까다로워지고 있다). 만약 질문을 받게 된다면 당황하지 말고 간단하게 대답하자. 미소 띤 얼굴로 핵심단어만 말해도 충분하다.

(What's the purpose of your visit? 방문 목적이 무엇인가요?)

관광하러 왔어요.
sightseeing, tour, tourist, trip, travel
/ I'm here on a sightseeing.

(How long are you staying here? 얼마나 있을 건가요?)

여기서 5일 동안 머물 거예요.
Five day. / For five days. / I'm here for five days.

서바이벌 문장

문제가 생겼을 때나 위급상황일 때 필요한 말로, 자주 쓰게 되지는 않는다. 필수문장 외에 이것까지 익히기가 벅찰 수 있다. 그렇다면 이 부분만 복사해서 가방에 넣어두었다가 필요할 때만 꺼내 보는 걸 추천한다.

길을 잃었어요.
I got lost. I'm lost.

여기가 어디죠?
Where are we?

가방(돈)을 잃어 버렸어요.
I lost my bag(money).

방안에 열쇠를 놓고 왔어요.
Key, in my room. / I left my key in the room.

차(비행기)멀미가 나요.
Car(Air)sick. / I feel car(air)sick.

배가 아파요.
Stomachache. / I have a stomachache.

소매치기를 당했어요!
Thief! pickpocket! / I got pick pocketed.
I got my pocket picked.

제 방이 털렸어요.

My room, stolen. / My room was stolen(robbed).

경찰 좀 불러 주세요.

Police, please. / Please call the police.

내 비행기를 놓쳤어요.

Miss, my flight. / I missed my flight.

친구를 사귀는 문장

여행지에서 만나게 되는 사람들과 가볍게 대화를 나누는 것으로도 금방 친구가 된다. 깊은 이야기는 할 수 없을지라도 인사나 자기소개 정도는 어렵지 않다. 먼저 웃고 먼저 말을 걸어보자.

당신은 어디에서 왔나요?

Where are you from?

나는 한국에서 왔어요.

I'm from Korea.

내 이름은 소율이에요. 하지만 그냥 율리라고 불러요.

My name is Soyul, but just call me, Yuly.

당신 이름은요?

What's your name? Your name, please.

May I have your name?

만나서 반가워요.
Nice to meet you. Good to see you.

여기에 얼마 동안 있나요?
How long are you staying here?

다음엔 어디로 가나요?
Where do you go next?

만나서 반가웠어요.
Nice meeting you.

좋은 여행되시길 바라요.
Have a nice trip!

몸 조심해요.
Take care.

여행영어책 고르는 법

집집마다 한두 권씩은 가지고 있는 여행영어책. 다들 여행을 앞두고 들여다본 경험이 있을 게다. 시중의 여행영어책을 살펴보면 독자 설정을 제대로 한 것인지 의아한 책들이 있다. 여행영어책이 필요한 이들은 대부분 영어를 잘 못하는 사람들, 즉 기초가 부족한 사람들이다. 영어로 의사소통이 가능하다면 굳이 여행영어책을 사보지 않을 테니까.

어떤 책은 지나치게 시시콜콜한 상황을 늘어놓는데 그 정도 상

여행영어책들

황에서 영어를 하려면 이미 영어실력이 중급 이상은 되어야 가능한 일이다. 어차피 그 책을 볼 독자에게는 맞지 않는 내용이다. 또 언뜻 보면 필요할 것 같지만 실제 여행에서는 별로 쓰이지 않는 문장도 있다. 그러니까 앉아서 여행을 상상할 때는 필요한 말 같지만 실제 여행을 해보면 필요 없는 말이다. 한마디로 영어는 잘 아는데 여행을 잘 모르는 사람이 책을 썼다고나 할까.

여행영어책을 고를 때는 무조건 내용이 적고 문장이 짧은 게 좋다.

일단 책 두께가 얇아야 한다는 뜻이다. 그래야 공부해보고 싶은 마음이 들고 마스터하기도 쉽다. 알찬(?) 내용이 너무 많아봐야 부담만 된다. 내용이 적을수록 가장 중요한 핵심만 담았을 확률이 높다. 그 다음으로는 문장이 짧아야 한다. 문장이 길면 익히기 어려워서 금방 포기하게 된다. 어떤 여행영어책을 보면 굉장히 정중하고도 긴 문장들로 이루어져 있는데 아무리 내용이 훌륭해도 외우기 어려우면 말짱 도루묵이다. 머릿속에 지우개가 들어 있는 사람이라도 쉽게 기억할 수 있도록 짧은 문장을 골라라.

이러려면 서점에 직접 가서 책을 살펴보는 게 좋다. 유명강사가 쓴 책보다는 내가 보기에 만만한 걸 고르는 게 핵심이다.

여행영어책에서 문장을 고를 때는 우선 내가 아는 문장부터 체크한다. 이때 영어 부분은 가리고 한글로 해석된 부분을 보아야 한다. 한글을 보고 영어로 말할 수 있으면 정확하게 아는 게 맞다. 만약 영어를 보면 해석이 되는데 한글만 보고는 말이 안 나온다면 그건 모르는 문장이다.

그 다음에는 내 상황에 꼭 필요한 문장을 고른다. 쇼핑을 즐기는 여행자라면 물건을 살 때 필요한 문장들을 많이 알고 있어야 한다. 나처럼 길치라면 길 물어보는 문장을 많이 알아두는 게 편리하다. 이렇게 사람마다 자신에게 필요한 문장이 다를 수 있다. 자신의 여행 스타일에 맞는 문장을 위주로 알아두는 게 효율적이다.

뭣이 중헌디? 안전이 중허지!

무리하지 않기

안전한 여행을 위해서 내가 추구하는 원칙은 무리하지 않는 것이다. 우리가 20대 열혈청년이라면 모를까, 무탈하게 여행을 마치려면 몸과 마음의 컨디션을 잘 유지해야 한다. 그래야 다음에 또 다시 떠나올 수 있다. 무리하면 후유증이 찾아온다.

나만의 속도로

해치워야 하는 임무처럼 전투적으로 여행을 대하지 말 것. 여행을 가면 '여길 또 언제 오겠어?' 라는 마음으로 강행군을 하기 쉽다. 그러면 여행이 고행이 된다. 결혼식을 할 때 평생에 한 번뿐인 결혼인데 남부럽지 않게 하겠다고 무리하는 것과 같은 심리다. 아쉬움이 남으면 다음에 또 와야 하는 이유가 되니까 그것도 나쁘지 않다. 내 경우, 저질체력에 속하는 편이라 어차피 하루에 많은 곳을 둘러보지 못한다. 워낙 샛길로 빠지기를 좋아해서 여러 곳을 가겠다고 마음을 먹어도 지키지 못하기 일쑤다. 하루에 두 군데 정도가 나에게는 알맞다. 천천히 느리게, 그게 나의 여행법이다. 꼭 나 같은 여행을 하라는 건 아니다. 단지 남 눈치 보지 말고 자신만의 속도를 존중하라는 의미다.

숙소가 편안해야

좋은 컨디션을 유지하기 위해서는 편안한 숙소가 필수조건이다. 요즘은 대부분의 여행자가 인터넷으로 미리 숙소를 예약한다. 화면으로는 완벽하게 보여도 막상 숙소에 가 보면 문제가 있을 수 있다. 온수가 잘 안 나온다거나 에어컨이 작동하지 않는다거나 등등. 이럴 때는 대책을 요구하거나 방을 바꿔달라고 해야 한다. 만약 당신이 초보 여행자인데다 영어까지 서투르다면, 요구해도 들어줄지 의문이고 어떻게 설명해야 할지도 난감하다. 그래서 그냥 참기 십상이다. 언어가 부족하면 번역기를 쓰든지 손짓발짓으로라도 의사 표현을 할 수 있다. 정말 이상한 숙소가 아닌 다음에야 웬만하면 손님의 정당한 요구는 받아들인다. 그러니 걱정 말고 일단은 문제 제기를 해보자. 화내거나 흥분하지 말고 차분히 전달하면 된다.

그래도 소용이 없다면 두 가지 결론이 난다. 돈이 아까워 할 수 없이 참고 지낸다, 아니면 돈보다 여행이 아까워서 숙소를 옮긴다. 상황에 따라, 개인성향에 따라 선택은 달라진다. 아들과 짠순이 세계여행을 할 때는 주로 전자였다. 요즘엔 나이도 더 들었고 체력이 부실한 만큼 후자를 택한다. 하다하다 정 안 될 때 마지막

보루는 돈을 좀 더 쓰는 것이다. 중년의 여행자라면 돈보다 심신의 컨디션을 챙기는 게 남는 장사다.

나를 지켜주는 여행자보험

만일의 사태에 대비한 여행자보험은 반드시 들도록 하자. 국내 대부분의 보험사에서 판매하는 해외여행자보험은 최대 3개월까지만 보장한다. 기간이 그 이상이라면 해외 유학생보험으로 알아봐야 한다. 며칠 정도의 단기여행은 보장 내용이 비슷하므로 선호하는 것으로 들면 된다. 환전이나 카드 결제 시 공짜로 들어주는 보험은 보장 내용이 부실할 수도 있으니 꼼꼼히 따져보자. 단기여행은 보험에 큰돈이 들지 않으므로 기왕이면 보장이 잘 되는 상품이 낫다. 특히 태풍이 많은 8월이나 9월에 여행하는 경우에는 '**여행불편 보상**'이 되는 보험을 드는 게 안전하다. '여행불편 보상'이란 비행기 지연이나 결항, 수하물 지연 등을 보상해 주는 것이다. 나는 대만여행 시 태풍으로 비행기가 결항될 뻔했던 일을 겪은 뒤로는 항상 여행불편 보상이 되는 보험을 선택한다.

저가항공을 이용할 때도 여행불편 보상이 되는 보험을 추천한다. 메이저 항공사들은 항공기 결항이나 지연이 발생하면 알아서 보상을 해주지만, 저가항공은 대부분 보상해 주지 않기 때문이다. 현재 여행불편 보상이 되는 보험사는 에이스 손해보험, 삼성

화재 다이렉트가 있다.

인도네시아 여행 막바지. 에어아시아를 타고 발리에서 출발해 쿠알라룸푸르를 경유, 인천공항으로 돌아오는 일정이었다. 갑자기 경유지인 쿠알라룸푸르에서 비행기가 무려 4시간 30분이나 연착을 했다. 원래 출발 시간이 새벽 1시였는데 아침 5시 30분으로 바뀌었다. 따라서 2시간 45분이었던 경유시간이 7시간 15분으로 늘어났다. 느닷없이 공항 노숙을 해야 할 상황이었다. 짜증이 났지만 그래도 안심을 한 이유는 바로 여행자보험 덕분이다.

혹시 모를 사태에 대비해 비행지연을 보상받을 수 있는 보험을 들어 놓았다. 불편한 노숙 대신 공항 내 호텔에서 편안하게 몇 시간 자고 일어나 따뜻한 국수로 배를 채우고 비행기를 탔다. 여행에서 돌아온 뒤 보험사에 호텔비와 아침식사비를 청구해 고스란히 돌려받을 수 있었다.

사기수법과 위험장소는 알고 가자

기본을 지켜라

사고와 각종 위험을 피하는 가장 현명한 방법은 기본을 지키는 것이다.

혼자, 늦은 밤, 한적한 골목길, 만취 상태는 피해야 할 네 가

지 조합이다. 강도나 소매치기 사고를 가장 많이 당하는 부류는 '혼자서 밤늦게 돌아다니는 남자' 혹은 '밤늦게 만취 상태로 돌아다니는 남자들'이다. 여자들은 워낙 알아서 조심을 하기 때문에 사고가 많지 않다. 나도 11년간의 여행 동안 심각한 사고는 거의 겪지 않았다. 기본을 지키는 덕분이라 생각한다. 또한 어느 도시를 가거나 위험하다고 알려진 동네가 한두 곳쯤은 있다. 간혹 객기로 이런 곳을 찾아갔다가 사고를 당하기도 한다. 중2병 같은 허세는 한국에 내려놓고 가기를. 사람들이 가지 말라는 곳은 다 이유가 있는 법이다.

소매치기와 가방 도난

비수기보다는 성수기에, 소도시보다는 대도시에서, 항공 이동보다는 육로로 국경을 통과할 때 사고가 자주 발생한다. 여행자에게 가장 빈번하게 일어나는 사고는 소매치기나 가방 도난이다. 전철 안, 버스터미널이나 기차역 같이 붐비는 곳에서 잠시 한눈을 파는 사이 가방이 사라져 버린다. 흔히 선진국에서는 이런 일이 안 일어나는 줄 알지만 그렇지 않다. 여름방학 성수기 때의 파리나 바르셀로나, 로마는 소매치기 천국이다. 우리나라가 워낙 치안이 안전하기에 한국 여행자들은 소매치기에 대한 경각심이 적은 편이다. 이런 곳에서는 특히 뒤로 메는 보조배낭을 반드시 앞으로 멘다. 들고 다니는 가방에 모두 자물쇠를 달아두면 어느 정도 소매치기 예방을 할 수 있다. 숙소에서는 로커에 소지품을 보관할 수 있게 좀 더 튼튼한 자물쇠를 따로 준비한다. 자물쇠 달린 와이어로 가방과 주변 고정물을 묶어 놓는 것도 좋은 방법이다.

그밖에도 새똥이나 케첩을 묻혀서 정신없게 만든 뒤 가방을 털어가는 것, 물건을 판다며 여러 명이 둘러싸는 것, 길을 묻거나 물건을 일부러 내 앞에 떨어뜨리거나 함께 사진을 찍자며 다가오는 등 수법은 가지가지다. 주로 일당 중 하나가 여행자의 주의를 분산시키고 다른 사람이 가방을 낚아채 간다. 수상한 사람들이 나를 둘러싸면 얼른 그곳에서 벗어나는 것이 좋다.

사기수법 확인하고 갈게요~

여행지별 인터넷 카페에 들어가 보면 각종 사기 수법들이 나온다. 택시를 탔는데 잔돈이 없다며 거스름돈을 가로채는 귀여운(?) 속임수, 환전할 때나 물건을 구매할 때 고액권을 주었는데 소액권을 받았다고 우기는 것 등은 전통적인 사기에 속한다. 사복경찰이라며 신분증을 요구하는 경우, 터미널 등에서 돈이 없다고 차비를 빌려 달라는 사람도 사기꾼일 가능성이 높다. 내가 묻지도 않았는데 먼저 다가와 친절하게 이것저것 알려주는 현지인도 요주의인물이다. 저런 한심한 수법에 당하나 싶겠지만 막상 내가 그 상황이 되면 똑같이 당하기 쉽다. 요즘 횡행하는 사기는 어떤 것들이 있는지 반드시 확인하고 떠나자. 미리 알고 있으면 아무래도 조심하게 된다.

위급상황별 대처법

여권 분실

2017년 현재 한국 여권으로 무비자 입국이 가능한 나라는 무려 170개국. 이는 세계 순위 공동 7위로 여권 파워가 무척 강한 편이다. 그래서 범죄에 이용되기 쉬운 만큼 항상 도난이나 분실의 가능성이 존재한다. 아직까지 나는 여권을 잃어버린 적이 없다. 운이 좋았다. 여권이 없으면 여행을 지속할 수도 없고 한국으로 돌아올 수도 없다. 여권의 안전은 아무리 강조해도 지나치지 않다. 꺼진 불도 다시 보는 심정으로 관리에 신경 쓰자.

여권을 분실했다면 일단 가까운 경찰서에 가서 폴리스 리포트(Police Report)를 발급받아 작성한다. 그 후 한국대사관(없으면 영사관)을 찾아가 여행증명서나 여권 재발급 신청을 한다. 이때 필요한 서류는 폴리스 리포트와 여권사진 2매, 분실한 여권의 여권 번호, 발급일, 만기일이다. 이런 이유로 인해 여권을 복사하거나 스캔해서 준비물로 챙겨야 한다. 만약 해당기관이 문을 닫았다면 영사콜센터로 연락한다.

국내 (02)3210-0404

유료: 해외 국가별 접속번호+822-3210-0404

무료: 해외 국가별 접속번호+800-2100-0404(1304)

카메라 등 귀중품 도난

경찰서를 찾아가 상황을 설명하고 폴리스 리포트를 작성한다. 그 후 경찰서의 확인 도장을 받아서 가져온다. 이게 있어야 귀국 후 여행자보험에 의해 보상받을 수 있다. 보상을 받아도 대부분 카메라 가격보다 훨씬 적은 금액이다.

신용카드 도난, 분실

신용카드를 잃어버리면 최대한 빨리 정지시켜야 한다. 잃어버린 줄 모르고 있다가 나중에 알아채는 것이 최악의 상황이다. 늘 카드가 안전한지 확인한다.

분실 시 해당 카드사 분실신고센터로 전화한다. 또는 카드사 홈페이지 고객센터로 들어가 카드 도난 및 분실 신고를 해도 된다.

분실신고센터 전화번호를 모를 경우 비자 글로벌 고객지원 서비스센터(00798-11-908-8212)나 마스터카드 글로벌 서비스센터(0079-811-887-0823)에 신고한다. 이러면 정지조치 시점까지

30분~1시간 정도 소요되어 부정 사용될 수도 있다. 가능하면 분실신고센터로 직접 신고하는 게 좋다.

이때 카드번호(주민등록번호), 카드종류, 성명, 분실지역을 알려 준다. 여권과 마찬가지로 도난이나 분실에 대비해 복사 또는 스캔이 필요하다.

신용카드 복제 사고를 당한 경우

해당 카드사 사고접수센터로 신고하여 카드사용 정지를 신청한다.

외교부의 신속해외송금지원서비스

국내 지인이 외교부계좌로 입금하면 현지 대사관 및 총영사관에서 해외여행객에게 긴급경비를 현지화로 전달하는 제도이다. 현지의 대사관 및 총영사관에 신청하거나 영사콜센터 상담을 통해 이용할 수 있다. 현금이나 카드를 모두 도난당해 수중에 돈이 전혀 없을 때와 같은 위기 상황에서 이 제도가 유용하다.

위탁 수하물 분실

간혹 위탁 수하물이 제때 도착하지 않는 경우가 있다. 이렇게 되면 짐을 받기까지 기다려야 하므로 여행 일정에 차질을 빚는다. 여행 기간이 짧다면 상당한 타격이다. 이런 일이 발생하면 공항에 있는 수하물 분실 신고소(Baggage Claim)에 가서 신고한다. 분실 수하물의 형태와 크기, 색깔 등을 말하고 항공권에 붙어 있는 Baggage Claim Tag를 제시한다. 수하물을 반환받을 투숙 호텔이나 연락처를 기재한다. Baggage Claim Tag는 만일의 사태에 대비하여 목적지에서 무사히 짐을 찾기 전까지는 반드시 소지하고 있어야 한다. 경우에 따라 숙소로 배송되지 않고 공항으로 찾으러 가야 할 수도 있다.

천재지변이나 항공사 사정으로 비행 편 취소

해당 항공사 데스크에서 결항확인서를 발급받는다. 각종 티켓이나 숙소 환불시 결항확인서가 필요하다. 이런 불상사를 대비해 여행불편 보상이 되는 여행자보험을 드는 게 좋다.

여행사에서 항공권을 샀다면 해당 여행사에, 항공사에서 직접 샀다면 해당 항공사 서비스센터로 문의한다.

항공사 과실로 국제선 비행기가 4시간 이상 연착됐을 때는 적정 숙식비와 함께 항공운임의 20%를, 2~4시간 사이 연착은 운임의 10%를 보상해야 한다. 이런 경우 알아서 보상을 해주는 항공사도 있지만, 그렇지 않은 항공사도 많다. 요구하는 사람에게만 보상을 해주기도 하니 일단은 권리를 요구해 본다. 실제로는 항공사 과실보다 날씨나 공항 관제 문제가 많기 때문에 보상받는 경우가 많지는 않다.

본인 잘못으로 비행기를 놓쳤을 때

수수료를 지불하면 항공권 변경이 가능하다. 즉 돈을 더 내고 다음 비행기를 타면 된다. 비행기를 놓쳤다고 해서 항공료를 전부 날리지는 않으므로 너무 걱정하지 말 것. 단, 그날 안에 반드시 돌아가야 하는데 비행편이 다음날에나 있을 수도 있다.

기차, 버스 취소

파업이나 천재지변으로 인해 교통편이 취소되는 경우가 있다. 이때는 기차역이나 터미널에서 환불받거나 대체 편을 탑승한다.

프랑스 리옹에서 파리로 가던 날, 파업 때문에 내가 탈 기차 편이 취소되었다. 다음 편을 타면 문제없다고 해서 탔는데 황당하게도 내 자리가 없었다. 1등석을 예매해 놓았기 때문에 보조 좌석이라도 마련해 놓을 줄 알았다. 나는 파리까지 서서 가는 불이익을 감수해야만 했다.

아플 때

여행지에서 비상약으로 해결이 되지 않을 때, 병원을 가야만 하는 상황이 있다. 이럴 때는 한인여행사나 한인식당 등을 찾아가

병원을 소개받는다. 급할 때는 역시 한국인의 도움이 최고다. 현지에 사는 사람들이라 외국인이 가기 편한 병원을 잘 알고 있다.

세계여행 중 태국에 있을 때 갑자기 급성방광염이 찾아왔다. 긴 여행으로 몸에 무리가 간 모양이었다. 안면을 익힌 한인여행사에 찾아가 사정을 이야기하니 병원을 소개해 주었다. 위치와 가는 방법까지 상세하게 알려 주어 무사히 치료를 받았다.

이럴 때 진단서, 병원비 영수증을 꼭 받아 오고 약값 영수증도 챙겨 온다. 보험사에 제출하면 보상을 받을 수 있다.

폴리스 리포트 작성법

육하원칙에 입각한 각 항목마다 해당 사항을 상세히 기재한다. 도난 물품은 정확한 제품명과 시리얼 넘버, 가격 등을 기입하는 것이 좋다(고가의 카메라 등 귀중품의 경우 제품명과 시리얼 넘버를 따로 메모해 둔다).

장소, 시간, 도난 물품 등을 한눈에 알아볼 수 있도록 단어로 적는 것도 무방하다. 반드시 분실(lost)이 아닌 도난(stolen)으로 기재한다. 분실일 경우에는 자신의 부주의로 일어난 일이기 때문에 보상받을 수 없다. 작성이 끝나면 간단한 확인을 거친 후 경찰서의 확인 도장을 찍어 복사본을 돌려준다. 이것을 보험회사나 대행 여행사에 제출하면 된다.

HONORÉ D'URFÉ
FRANÇOIS DE SALES
VICTOR DE LAPRADE
COMTESSE DE DIE
XAVIER DE MAISTRE
ONOFRIO
NIZIER DU PUITSPELU
LE LITTRÉ DE LA GRAND'CÔTE
Joséphin SOULARY
La Place des angoisses
L'avons-nous assez aimé, ce brouillard dont nous nous sentions captifs et qui nous mettait face à face avec nous-mêmes ! Dans les rues, à la tombée de la nuit, nous cherchions, à tâtons, notre chemin, frôlés par des ombres que reflétaient des vitres ternies.
Les vapeurs voilaient mais ne déformaient pas la réalité : comme dans la caverne originale, nous
La Place des angoisses
regardions des êtres s'approcher, grandir, s'éloigner et se fondre dans le néant et le silence [...].
Février survenait et, pour six mois, chassait la nuée ; alors, comme aux jours d'éclaircie, nous pouvions d'un œil nouveau regarder Lyon, à peine nimbée de vapeur bleue, pour l'aimer ou la détester.
Jean REVERZY
Julliard 1956
"LA BIBLIOTHÈQUE DE LA CITÉ"
Des Écrivains en Rhône-Alpes
PARTENAIRES
VILLE DE LYON
RÉGION RHÔNE-ALPES
TOLLENS
ROCHE
XEROX The Document Company
LA POSTE Département du Rhône
Gutenberg XXIe siècle

4장

빠져들다 여행 속으로

프랑스 리옹의 벽화건물

여행에서 만나는 것

친구 아니면 타인

그동안 여행했던 도시를 떠올려보면 유명 랜드마크보다 그곳에서 만났던 사람들이 생각난다. 누군가를 만났던 기억은 총천연색으로 선명한 반면, 그저 관광지만 돌아다닌 날은 초점이 나간 흑백사진처럼 흐릿하다. 멋진 풍경과 대단한 유적지가 없어도 좋은 사람과 함께 한 여행은 행복했다. 사람이 좋으면 다 좋았다. 반면 사람 때문에 고생했던 여행은 힘들었던 기억으로 남아 있다.

우리는 새로운 풍경과 문화를 접하려고 여행을 떠나지만, 여행에서의 진짜 탐험은 역시 사람을 만나는 일이 아닐까. 여행 속으로 깊이 들어갈수록 사람을 만나게 된다. 사는 곳이 다르고, 언어가 다르고, 생각이 다른 낯선 타인을 만나는 모험. 이 타인의 범주에는 신기하게도 자기 자신이 포함된다. 이전에는 몰랐던, 마치 타인 같은 자신 말이다. 같은 한국인 여행자는 물론 다른 국적의 여행자, 그 나라에 사는 현지인들을 만나고 부딪치는 과정이 여행의 속성이다. 사람을 빼놓고는 여행을 논할 수가 없다.

직장생활에서 일이 힘든 게 아니라 사람과의 관계가 힘들다고들 말한다. 어찌 보면 여행에서도 어떤 사람을 만나느냐가 여행의 질을 좌우한다. 여행지에서 사람들은 서로 잠시 스쳐가는 이방인이지만 그런 이유에서 또 쉽게 친구가 된다. 그게 여행이 부리는 마법이다. 여행을 하다보면 적극적으로 사람을 찾아다니기도 하고 때로는 피해다니기도 한다.

친구가 필요해

혼자 떠나온 여행이라고 해서 친구가 필요 없는 것은 아니다. 오히려 혼자이기 때문에 더 친구를 찾고, 혼자여서 더 많은 사람들을 만나기도 한다. 나 같은 여행자는 기꺼이 여행지에서 친구를 사귀는 편이다. 아들과 여행을 할 때도 자연스레 다른 사람들과 어울렸고, 혼자 여행을 하는 요즘도 마찬가지다. 버스나 기차를 타면 옆 사람에게 말을 건다. 같은 숙소에 묵는 여행자에게 같이 투어를 하거나 밥을 먹자고 제안한다. 숙소의 주인과 직원은 가장 친해지기 쉬운 사람들이다. 여행지에서 우연히 만난 사람들과 미소를 주고받고 이야기를 나누는 것만큼 즐거운 일은 없다. 나에게는 여행의 가장 큰 기쁨이다.

당신도 만약 사람을 만나는 여행을 하고 싶다면 얼마든지 그럴 수 있다. 꼭 여행경험이 많거나 영어가 유창해야 가능한 일은 아니다. 초보 여행자거나 영어가 서툴러도 크게 지장이 없다. 조건은 오직 마음을 열고 사람들을 대하는 것. 경험해 보니 언어보다

필리핀 사가다 산골에서 만난 아이들

태도가 더 사람의 마음을 움직인다.

먼저 인사하고, 먼저 말을 걸고, 먼저 다가가는 것. 이럴 때 "안녕", "고마워", "미안해"만 잘해도 반은 성공이다. 특히 현지인에게는 영어보다 그 나라 말로 하는 게 좋다. 상냥한 말 한마디가 마음을 말랑거리게 만든다.

화를 내기보다는 미소를 짓는 것. 모든 것이 낯선 여행지에서 내 뜻대로 내 계획대로 안 되는 일은 당연히 벌어진다. 여행이란 돌발 상황을 동반하는 일이다. 화내기보다 미소가 필요하다. 미소는 언제나 옳다. 가난한 나라의 아이들에게 무언가를 주고 싶을 때도 돈이나 먹을 것보다는 미소가 낫다. 그 다음으로 좋은 건 풍선이다. 돈이나 먹을 것은 아이들을 계속 구걸하게 만들지만 풍선은 아이들을 웃게 만든다.

자신을 믿고 다음엔 타인을 믿는 것. 내가 나를 믿어 주지 않으면 남도 나를 믿어 주지 않는다. 여행지에서 서툴고 어리숙한 자신을 발견하더라도 비난하지 말고 격려해 준다. 그 대상이 친구였다면 당연히 그리 하지 않았을까. 자신을 사랑하는 자의 눈은 타인을 향해서도 반짝거린다. 그런 사람이라면 친구를 만들기 어렵지 않다.

사람들과 거리두기

그러나 항상 사람들이 좋을 수는 없다. 사람들에게 치이고 지쳐서 떠나온 여행이라면, 말을 많이 하는 직업이라 제발 여행지에서만이라도 입을 다물고 싶다면, 오직 혼자만의 시간을 원해서 선택한 여행이라면 사람들을 피하고 싶어진다.

그 외에도 사람들과 거리를 두어야 하는 상황이 생긴다. 여행지에 도착하자마자 소매치기나 사기를 당했다면 돈도 돈이지만 사람들을 믿을 수가 없게 된다. 그 도시 사람이라면 다 싫어지고 자기 자신마저 원망하게 된다.

아프리카 말라위에서 장거리 버스비를 두 배로 뜯기는 사기를 당했을 때, '멍청하게도 그렇게 속아 넘어가다니!'라는 자괴감이 컸다. 이럴 때는 하루 빨리 마음을 가라앉히고 잊어버려야 한다.

물론 쉽지는 않다. 그래도 여행의 수업료라 생각하는 편이 도움이 된다. 다음에는 같은 상황을 반복하지 않도록 더욱 주의를 기울인다.

끈질긴 호객꾼에게 붙잡히고 싶지 않을 때는 일단 눈을 마주치지 않는 게 상책이다. 못 본 척 무시하고 지나가는 게 좋다. 또한 여행자에게 적대적인 현지인을 만났을 때도 무시하는 방법이 제일 낫다. 기분 나쁘다고 맞서 싸우거나 언쟁을 벌여봐야 득 될 게 없다.

원하지 않는 지나친 친절은 성희롱으로 이어지기도 한다. 친절하지만 어쩐지 부담스럽다면 정중하게 거절을 한다. 그런데도 같은 행동을 계속한다면 더 이상 친절로 받아들이지 말자. 그때는 강하고 단호하게 거절을 해야 한다. 과감하게 그 자리를 박차고 나오기를 권한다.

파리에서 겪은 일이다. 파리 시내 퐁네프다리 앞에서 동행과 만나기로 했다. 그녀와 여러 번 카톡을 주고받은 뒤 드디어 접선 성공. 그런데 그녀 옆에는 웬 프랑스 남자가 같이 서 있었다. 그가 길 찾는 걸 도와주었다고 한다. 그런데 도움을 받은 것치고는 그녀의 표정이 어색했다.

그녀 왈 오는 동안 프랑스식 인사라고 하면서 비쥬를 두 번이나 했단다. 비쥬란 유럽 사람들이 서로 만났을 때 양 볼을 살짝 갖다 대거나 볼 키스 하는 인사를 말한다. 나도 스페인 세비야에서 한 달을 지내면서 호스트인 라파, 마누와 그런 인사를 나누었다. 하지만 그건 어느 정도 친해졌을 때 얘기지 길에서 처음 만난 외국인에게 비쥬를 하는 경우는 드물다. 그것도 한 번도 아니고 두 번씩이나? 뭔가 수상하다고 생각하는 사이, 이 남자 매우 친절하게 자기소개를 하더니 내게도 갑자기 비쥬를 하는 것이었다.

그것도 당황스러운데 연이어 자기 입술을 내 입술 쪽으로 쭉 내밀었다. 뭐 이런 미친놈이 다 있나 싶어 그를 밀치며 "노노노!!!"를 외쳤다. 이 인간, 알고 보니 어리바리한 여행자를 도와주는 척 하다가 신체적 접촉을 시도하는 '꾼'이었다. 되면 좋고 아니면 말고 식이랄까. 나의 거친 반응에도 그놈은 여유롭게 "그럼 잘 가~" 하더니 사라졌다.

여행지에서 일단 도움을 받은 쪽은 뭔가 아니다 싶은 상황임에도 대놓고 거절하기가 힘들다. 이런 심리를 교묘히 이용하는 경우는 이미 친절이 아니라 흑심이다. 반대로 사기가 아닐까 의심했는데 순수한 호의인 경우도 있다. 가끔은 호의와 사기를 구분하는 게 어렵다. 너무 경계를 하다보면 여행이 피곤해지고 재미없어진다. 그렇다고 너무 마음을 놓아도 안 된다.

경계심과 믿음 사이 어느 쪽에 더 무게를 두어야 할까? 정답은 없다. 단 뭔가 애매할 때는 자신의 감을 믿으라고 말하고 싶다.

의외로 느낌이 가리키는 방향이 정확할 때가 많다. 기본적으로 안전에 대한 경계심을 가지되 사람에 대한 믿음을 버리지는 않았으면 좋겠다. 그동안의 여행을 돌아보면 악의를 품은 사람보다는 선의를 가진 사람이 훨씬 많았다. 그렇기에 수많은 사람들이 이 순간에도 여행을 계속 하는 게 아닐까.

계획은 바뀌라고 있는 것

어떤 일에서 계획을 세운다는 의미는 그것을 지켜야 한다는 암묵적인 약속을 포함한다. 다시 말해 지키기 위해 세우는 게 계획이다. 완벽하게 지킬 수 없다 해도 최대한 지키려고 노력한다. 그런데 여행에서만큼은 계획이란 철저히 지키기보다는 유연하게 바꾸라는, 아니 바뀔 수밖에 없는 성질을 가졌다. 여행은 익숙한 안전지대를 스스로 벗어나는 행위다. 불확실성이 여행의 본질인데 계획이 그대로 지켜질 리가 없다.

미처 생각지 못했던 이런저런 변수가 튀어나와 당신의 여행을 바꾸어 놓을지 모른다. 아무리 잘 세운 계획이라도 막상 여행지에서 부딪쳐보면 현실과 맞지 않을 수 있다. '나는 동그라미 유형'이라는 전제하에 여행계획을 세웠는데 여행을 해보니 '의외로 세모 유형이었어.'라는 깨달음을 얻을 수도 있다. 이럴 때도 예상과는 전혀 다른 여행이 펼쳐진다.

여행이 계획대로 진행되지 않을 때 짜증을 내봐야 기분만 상한다. '여행에서 계획이란 바뀌라고 있는 것'이란 명제를 기꺼이 받아들인다면 다음 단계는 플랜 B를 찾는 것. 그럴 때 우리에게는 정녕 플랜 B가 필요하다. 철저한 여행자라면 플랜 B까지 이미 계획해 두었을지도 모르겠다. 아니라도 상관없다. 플랜 B의 묘미는 그때그때 상황에 맞게 만들어 가는 것이니까. 여행지에서 변덕을 부리는 건 여행자의 특권이다. 이럴 때가 아니면 언제 자신을 위해서 마음껏 변덕을 부려보겠나. 일상이 아닌 여행에서만큼은 내 마음이 흘러가는 대로 따라가 보자. 어쩌면 플랜 B가 원래 계획보다 더 마음에 들지도 모른다. 해보기 전에는 모르는 게 여행이다.

아들과 아프리카 여행을 할 때 우리의 계획은 아프리카 종단이었다. 남쪽 남아공에서부터 북쪽 이집트까지 오른쪽 방향으로 10개국을 거쳐 가는 여정. 실제로는 남아공, 스와질란드, 짐바브웨, 잠비아, 말라위, 탄자니아까지만 갔고 나머지 케냐, 에티오피아, 수단, 이집트는 포기했다. 갔던 나라는 모두 6개국으로 계획의 반 정도만 이룬 셈이다. 아프리카에서 야생동물을 실컷 보고 순수한 현지인을 만날 거라는 기대는 무지에서 비롯된 순진함이었다. 야생동물은 지극히 제한적인 장소에서만 볼 수 있었고, 순수하기보다 무례한 사람들에게 지쳤다.

결국 우리는 친절한 미소가 보장된 태국의 방콕으로 진로를 변경했다. 이때부터 계획이라고 부르던 것을 미련 없이 던져버렸다. 그렇게 시작된 '막가파 여행'은 새로운 플랜 B였다. 계획대로 아프리카 종단은 하지 못했지만 마음이 가는 대로 다니는 자유를 얻었다. 나머지 아프리카 나라들 대신 선택한 네팔, 미얀마, 태국, 폴란드에서도 충분히 행복했으니 후회는 없다.

한 곳에 오래 머물기를 권함

머무는 여행은 다채롭다

첫 여행은 바쁘다. 하나라도 놓칠세라 일정을 촘촘하게 짠다. 가보고 싶은 데는 많고 시간은 한정적이다. 무리를 해서라도 계획대로 밀어붙이려고 한다. 허나 조금만 여유를 갖자. 그저 유명 관광지에 발자국을 찍는 것만으로는 아쉽지 않은가? 스쳐가는 여행을 넘어서 머무는 여행에 눈길을 돌려보시라.

아들과 함께 한 라오스여행에서였다. 방비엥에서 우연히 한국인 젊은이들을 만났다. 그곳에서 살면서 아이들을 가르치는 자원봉사를 한단다. 다음날 학교로 놀러 오라는 초대를 받았다. 이런 만남이 여행의 묘미인 것을. 이미 내일 루앙프라방으로 떠나는 버스표를 예매한 상태였다. 루앙프라방뿐만 아니라 이후 태국까지 일정이 정해져 있었다. 그때 어찌나 아쉬웠던지 다음 여행부터는 일정을 빡빡하게 짜지 않겠다고 결심했다. 이후로는 가능하면 한 곳에 오래 머무는 여행을 하게 되었다.

여기서 '오래'라 함은 1주일에서 한 달 정도를 말한다. 바쁜 여행자들은 한 도시에서 2, 3일 정도면 충분하다고 생각한다. 한 번쯤은 1주일 정도 느긋하게 지내보는 건 어떨까. 우리 중년들에게 느린 여행은 장점이 많다. 이동이 적으면 일단 체력적으로 무리가 되지 않는다. 매번 숙소를 찾아가야 하는 번거로움도 줄어든다. 교통비와 숙박비도 절약이 된다.

짧게 스치는 여행은 관광지화 된 곳들만 휙 둘러볼 수밖에 없다. 아주 좋은 인상만 남거나 운이 나쁘면 불쾌한 경험만 남을 수 있다. 거기에 뭔가를 더하거나 뺄 시간이 없다. 하지만 1주일 이상 느긋하게 있어 보면 현지인이 생활하는 모습과 분위기를 느낄 수 있다. 잠시나마 현지인이 된 듯 공원을 어슬렁거리고 동네 카페에서 커피 한 잔 하는 여유를 부릴 수 있다. 그러다 보면 겉으로 보이는 아름다움 외에 다른 측면까지 눈에 들어온다. 한마디로 훨씬 다채로운 여행이 된다.

오래 머물면 자칫 지루하거나 무료해질 수가 있다. 물론 "저는 혼자서도 잘 놀아요!"라거나 "제발 좀 심심해 봤으면 좋겠어요!"라는 사람이라면 예외겠지만. 그 나라의 언어나 요리, 춤 등 뭔가를 배우면서 지내면 사람들과 사귀기 쉽다. 1주일 정도는 그냥 쉰다는 개념으로 머물러도 괜찮다. 기간이 그 이상 길면 작은 것이라도 배워보기를 추천한다.

이런 곳이 좋아

머무는 여행에서는 장소 선택이 중요 포인트가 된다. 여행지가 어디냐에 따라 하루나 이틀은 좀 불편해도 참을 수 있지만 그게 1주일 이상 간다면 스트레스가 된다. 그래서 장소는 신중히 결정해야 한다. 선택의 기준은 다음과 같다.

1. 교통이 편리하고 주변에 갈 곳이 많은 곳

이에 해당하는 도시라면 여행자가 많아서 동행을 구하기가 쉽다. 다양한 선택이 가능하므로 혼자라도 괜찮다. 덧붙이자면 정반대의 예도 있다. 오로지 나 혼자만의 시간을 보내기 위해 일부러 교통이 불편한 시골을 선택하는 여행자도 있다.

2. 물가가 저렴한 곳

오래 머무는데 물가가 비싸면 상당히 부담이 된다. 머물기의 장점인 경비 절약 측면에도 어긋난다. 일반적으로 대도시보다 중소도시 물가가 저렴하다.

3. 날씨가 좋은 곳

역시 하루 이틀이면 궂은 날씨도 참을 만하지만, 1주일 내내 혹은 한 달 내내 비가 온다면 얘기가 달라진다. 날씨는 여행에서 컨디션을 좌우하는 핵심적인 요소다. 날씨가 좋은 시기와 장소를 선택하자.

머무는 여행의 예, 유럽

지금까지 내가 오래 머물렀던 도시들을 소개하자면 방콕(태국) 20일, 포카라(네팔) 19일, 세비야(스페인) 26일, 리옹(프랑스) 17일, 안시(프랑스) 9일, 드레스덴(독일) 17일, 우붓(인도네시아) 11일이다. 방콕과 포카라에서는 게스트하우스에 있었고, 우붓에서는 홈스테이와 저가호텔, 세비야·리옹·안시·드레스덴에서는 에어비앤비를 이용했다.

요즘 에어비앤비에 대한 관심이 높다. 업자가 운영하는 숙박업소가 아니라 일반 현지인 집에 머문다는 게 특징이다. 현지인 호스트와 자연스럽게 교류할 수 있기 때문이다. 나도 3개월간의 유럽여행 때 주로 에어비앤비에서 묵었다.

에어비앤비라고 좋기만 한 것은 아니다. 아이러니하게도 호스트와의 교류라는 장점이 곧 단점이 되기도 한다. 바로 호스트에 의해서 여행이 좌지우지될 가능성이 높다. 호스트와 잘 지내는 게 중요하다. 친절하고 개념 있는 호스트를 만나면 더할 나위 없이 즐거운 여행이 되지만, 그 반대의 경우라면 여행을 망칠 수도 있다. 유럽에서 나는 두 가지를 모두 경험했다.

최고와 최악

먼저 최고의 호스트였던 스페인 세비야의 라파와 마누. 나는 구시가지에서 좀 떨어진 아파트의 방 하나를 빌렸다. 두 사람은 가히 5성급 호텔 직원보다 친절했다. 그들은 나에게 손수 만든 지도를 주었는데 그게 걸작이다. 거기에는 세비야의 주요 관광지는 물론이고, 현지인들만 아는 동네 맛집과 작은 공원까지 표시되어 있었다. 아침으로 먹을 빵과 잼, 커피, 과일, 과자를 넘치게 준비해 주었다. 무엇이든 물어보면 즉각 답이 왔고, 집안은 먼지 하나 없이 깨끗했다.

세비야는 마드리드나 바르셀로나처럼 대도시는 아니었지만 갖출 건 다 갖춘 도시였다. 교통이 편리해서 주변에 갈 수 있는 여행지(카디스, 그라나다, 꼬르도바, 모로코 등)가 많았다. 시내는 밤에 걸어 다녀도 안전했고, 물가는 놀랄 만큼 저렴했다. 대부분의 현지인들이 친절해서 지내는 내내 마음이 편안했다.

최악의 에어비앤비는 프랑스 리옹이었다. 나는 젊은 부부의 아파트에 방을 빌렸다. 처음 며칠은 별 문제가 없었다. 그런데 시간이 지나자 그들은 점차 안하무인으로 행동을 했다. 집 청소를 하지 않아 집안은 날파리가 꾀고 더러웠다. 부부는 날마다 말다툼을 해서 분위기가 항상 냉랭했다. 호스트 남편이 휴일 대낮에 거실에서 낮잠을 즐기느라 나는 종종 거실을 사용할 수가 없었다.

결정적인 사건은 어느 일요일 점심시간. 내가 간단한 요리를 하려는데 부엌 전등조차 켜지 못하게 했다. 이유는 자기들이 커튼을 내리고 영화를 보는데 불빛이 방해된다는 거였다. 참다못한 나는 결국 그 집을 박차고 나왔다. 에어비앤비 한국지사에 불만접수 메일을 보내고 통화도 여러 번 했다. 다행히 며칠 뒤에 나머지 숙박비를 환불받을 수 있었다.

리옹은 관광지로는 그다지 알려지지 않았지만 파리보다 물가가 저렴했다. 남부의 교통요충지라 남쪽 지방인 안시, 프로방스 지역, 니스 등으로 가기에 편리하다. 관광도시가 아니다 보니 동행 구하기가 어려워서 그 부분이 아쉬웠다. 호스트도 최악이고, 여행자도 많지 않고, 이래저래 리옹 생활은 힘들었다.

이렇게 장기 숙박에는 약간의 위험이 따른다. 호스트를 고를 때 후기를 모두 읽어보고 신중하게 결정했음에도 불구하고 리옹처럼 '꽝'을 뽑을 수도 있다. 게스트들은 후기에 좋지 않은 말은 잘 쓰지 않는 경향이 있다. 한편 나처럼 오래 묵는 사람이 없다 보니 장기 숙박에 대한 평가가 드물기도 했다.

이후 안시로 옮겨 9일을 지냈는데, 그중 6일이 에어비앤비였다. 이번에는 마음이 따뜻한 60대 부부를 만났다. 매일 집에서 그들과 수다를 떨고 같이 음식을 해먹었다. 손님이라기보다는 가족처럼 지냈다. 남편인 기는 날마다 손수 내린 에스프레소와 다양한 치즈를 맛보여 주었다. 아스트리드, 기와 함께 보낸 6일은 리옹에서의 상처를 보듬는 시간이었다. 여행자는 사람에게서 상처받지만 또 사람에게서 치유를 받는다.

그리고 중간

다음 여행지인 독일 드레스덴에서도 에어비앤비에 묵었다. 일곱 살짜리 딸이 있는 젊은 부부의 집이었다. 이번에는 리옹을 경험 삼아 위험 분산을 시도했다. 원래는 이 집에서 26박을 지내기로 예약했었다. 그러다 여행 중간에 같은 여행 동호회 회원인 신혼부부로부터 연락이 왔다. 그들은 당시 세계일주 신혼여행 중이었는데, 마침 렌터카로 유럽을 여행하고 있었다. 독일 일정이 나와 맞으니 로맨틱 가도여행을 같이 하자는 것이었다. 안 그래도 리옹에서 한 번 데고 보니 조금 방어적으로 되던 차였다. 그저 돈만 보태고 뒷자리에 묻어 갈 수 있으니 이보다 좋을소냐, 동행여행에 찬성! 그렇게 6일을 분산시켰다.

또 드레스덴에서는 체코가 가깝다. 버스로 2시간이면 갈 수 있기에 3일 동안 체코 프라하와 체스키 크룸로프를 다녀왔다. 이렇게 총 9일을 분산시키고, 드레스덴에서는 17일을 머물렀다. 17일 동안 1주일 정도는 호스트 가족이 여행을 떠났다. 결국 호스트 가족과 함께 지낸 시간은 총 열흘이었다.

이번 호스트는 무심한 듯 친절하고, 친절한 듯 무심한 사람들이었다. 집 앞에 슈퍼가 있다는 사실을 며칠이나 지난 뒤 알려주어 황당했다. 그러다 또 어느 날은 부탁도 안 했는데 내가 먹을 주스를 만들어 놓고 나가는 등, 무심함과 친절을 오락가락했다.

어느 날 부부랑 맥주 한 잔을 같이 하며 이런저런 얘기를 나누었는데 그제야 좀 친해지는 느낌이었다. 그러나 어쩌리, 다음날이 내가 떠나는 날인 걸. 그들은 낯을 많이 가리는 사람들이었던 게다. 리옹에서의 경험 때문에 나도 적극적으로 다가가지 않았다. 좀 더 노력을 해볼 걸 하는 아쉬움이 남았다.

호스트와 친해지는 비법

호스트와 친해지는 영리한 비법을 소개하겠다. 내가 늘 써먹는 방법이다. 세비야, 리옹, 안시에서도 이걸 사용했다. 알다시피 리옹에서는 그 효과가 예외였지만, 이런 경우는 극히 드물다.

첫 번째 비법은 간단하면서도 효과만점인 '작은 선물'. 받는 사람이 부담을 느끼지 않을 정도의 소박한 선물을 준비한다. 책갈피나 엽서, 열쇠고리 등이 적절한데 전통적인 한국 느낌이 나는

프랑스 안시의 아시아마켓, 한국 라면, 소주

물건이 인기있다.

독일 드레스덴 호스트의 일곱살 짜리 딸에게 배씨댕기(아이들용 전통 머리띠)를 선물했더니 학교에 하고 가서 자랑하기도 했다.

두 번째 비법은 조금 난이도가 있지만 확실하게 호스트를 무장해제시키는 '코리언 디너'. 1주일 이상 장기 숙박을 하게 될 경우, 이틀쯤 지나면 서로 어색함이 사라진다. 이때 나는 호스트에게 한국식 디너를 대접한다. 일단 미리 그들의 의견을 물어본다. 내가 한국요리를 할 건데 매운 것을 잘 먹느냐고. 오케이면 메뉴를 이렇게 정한다. 밥, 고추장 돼지불고기, 짜파게티, 김치. 모두 한국적인 냄새가 물씬 나는 품목들이다. 만약 매운 걸 못 먹는다고 한다면 돼지불고기를 소불고기로 대체한다.

세계 어느 도시를 가도 웬만하면 아시아 마켓이 한두 곳쯤은 있다. 일본 간장에 한국 고추장, 각종 라면, 캔 김치까지 다양하게 팔고 있었다. 유럽인의 가정집에도 쌀을 구비해 놓는 경우가 흔했다. 게다가 한국음식은 밥이 기본이니까 밥은 꼭 같이 한다. 보통 한국라면은 맵기도 하고 입맛에 안 맞을 수도 있지만 달달

불고기 양념과 짜파게티 준비

안시 에어비앤비 호스트 부부의 피자 요리

한 짜파게티는 누구나 좋아한다. 아무래도 유럽 사람들은 밥보다 짜파게티를 더 좋아라한다.

한국식 디너를 대접하는 날은 아시아 마켓에 가서 장을 보고 동네 슈퍼마켓에서 고기와 야채를 사 온다. 요리를 해야 하니 정성과 시간이 걸리는 일이다. 호스트들은 열이면 열, 모두 감동받는다. 지구 반대편에 살아도 사람 마음은 다 똑같다. 손수 만든 요리를 대접받고 나면 활짝 마음을 연다.

그 다음부터는 나 역시 귀빈 대접을 받으니 나머지 여행은 탄탄대로일 수밖에. 세비야에서는 답례로 스페인식 디너를 대접받았고 안시에서는 프랑스 식 가정요리와 집에서 만든 피자를 대접받았다. 세계 어느 나라 사람이건 같이 밥을 먹고 나면 거리감이 확 줄어든다. 단지 식사뿐만 아니라 마음을 주고받기 때문이겠지.

여행을 기억하는 방법

수다는 옳다

여행을 다녀오면 할 말이 많아진다. 가슴속에 가득한 여행 이야기들을 풀어놓고 싶다. 얼마나 길을 헤맸는지, 처음 먹어본 낯선 음식은 어땠는지, 대가없이 도와준 현지인에 대해서, 내가 감탄한 멋진 풍경에 대해서 하고픈 이야기가 넘쳐난다. 이럴 때 우리에게 필요한 건 바로 수다!

여자 둘이서 두 시간 동안 통화를 한 뒤 전화를 끊으며 하는 말.

"자세한 이야기는 나중에 만나서 하자!"

이 상황에서 남자들은 고개를 절레절레 흔들지만 여자라면 공감 백배다. 여자들의 평균수명이 남자들보다 긴 이유가 수다 때문이라는 설이 있다. 꽤 일리가 있다고 생각한다. 수다는 평소 자신의 감정과 느낌을 마음껏 표현할 수 있게 해준다. 슬픔을 나누면 반이 되고, 기쁨을 나누면 배가 된다. 스트레스는 내보내고 행복감은 더해주는 수다의 순기능을 적극 지지한다. 그리고 수다가 여자들만의 전유물인 것처럼 보이지만 모르시는 말씀! 아는 사람은 이미 안다, 남자들 수다도 여자들 못지않음을. 남자끼리 모여서 수다를 떨면 접시만 깨지는 게 아니라 지붕까지 들썩거린다.

지난 여행을 이야기할 때 우리는 한 번 더 여행을 하는 기분이 든다. 그러나 아무에게나 여행 이야기를 하다가는 오해를 사기 쉽다. 여행에 관심 없거나 여행을 잘 모르는 사람에게는 그저 자랑하는 모양새로 비칠 수도 있다. 편견 없이 여행 이야기를 들어줄 친구, 역시 여행을 좋아하는 친구와 함께 하는 게 마음이 편하다. 그래서 여행 이야기는 통하는 사람끼리 하는 게 좋다. 주변에 그런 친구가 있다면 당신은 행운아에 속한다. 중년 나이에 편하게 여행 이야기를 나눌 친구가 흔하지는 않으니까.

만약 그런 친구가 없다면 누구와 여행수다를 나눌까? 그럴 때 부담 없는 친구 1순위는 여행 동호회 사람들이다. 공통된 관심사로 모였기에 여행에 대한 어떤 이야기라도 마음 놓고 주고받을 수 있다. 아들과 세계여행을 가기 전 '세계일주스터디클럽'이라는 모임에 가입을 했다. 세계일주에 대해 공부하고 경험을 나누는 곳이다. 사실 정보를 얻는 것보다도 여행을 좋아하는 사람들이 모인 것 자체가 좋았다. 베테랑 여행자건 초보 여행자건, 나이와 성별에도 관계없이 친구가 되는 점도 맘에 들었다. 지금도 가끔 번개에 참석하고 궁금한 것들이 생기면 물어보기도 한다. 주제별로 수많은 여행 동호회가 있으므로 자신에게 잘 맞는 곳을 찾아보기 바란다.

나는 장기여행을 떠나기 전에 먼저 다녀온 여행자를 만나 이야기를 듣는 편이다. 동호회를 통해 알던 분을 만나기도 하고, 전혀 안면이 없던 분을 만난 적도 있다. 보통 그 여행자의 블로그에 글을 남겨 부탁을 드리면 대부분 기꺼이 응해 주었다. 2011년 아프리카와 2016년 유럽을 가기 전에도 이런 식으로 선배 여행자를 만났다. 책이나 온라인으로 얻는 정보보다 실제적인 이야기를 들을 수 있어서 도움이 되었다. 특히 아프리카처럼 여행난이도가 높은 지역을 갈 때는 이런 만남이 더욱 용기를 내게 해주었다.

2016년부터 '중년을 위한 첫번째 배낭여행' 강좌를 열게 된 것도 이런 이유에서였다. 이제는 체계적이고 공식적으로 여행수다를 나누고 있다. 이제 막 여행을 시작하려는 사람들에게는 선배 여행자의 도움이 절실하다. 먼저 경험해본 사람이 차근차근 안내해 준다면 한결 발걸음이 가볍지 않겠는가. 마흔 살 왕초보 여행자로 시작해 이제 쉰하나, 적어도 나 같은 중년의 초보 여행자들을 도와줄 수 있게 되었다. 해보니 여행은 그리 어렵지 않다. 그저 약간의 용기와 약간의 방법이 필요할 뿐.

남는 건 사진이라지만

지난 여행을 추억하는 보편적인 방법은 사진이다. 이 날 내가 뭘 했더라, 기억이 가물거려도 그때 찍은 사진을 보면 영화 보듯 기억이 되살아난다. 여행을 추억하는 시간은 식사 끝에 기다리는 디저트처럼 달콤하다. 나중에 보는 여행 사진은 마치 행복 보정 필터를 끼운 듯 아름답게만 느껴진다. 여행이란 이렇게 추억하는 시간까지 포함해서 완성되는 게 아닐까. 그래서 우리는 더욱 사진 찍기에 매달리는지 모르겠다.

사진을 찍는 건 참 쉬워 보인다. 카메라 셔터를 누르기만 하면 되니까. 하지만 여행에서 돌아와 사진을 정리하는 건 대단히 번거로운 작업이다. 양껏 찍은 사진은 많은데 정리하기가 귀찮아

내버려 두기 일쑤다. 예전 필름 카메라 시절에는 꼭 인화를 해야 사진을 볼 수 있었다. 불편하기는 했지만 그 덕분에 차곡차곡 사진들을 정리해 앨범을 만들었다. 지금도 생각이 날 때면 옛날 종이 앨범들을 꺼내 보곤 한다.

요즘은 대부분 컴퓨터나 휴대폰 화면으로만 사진을 본다. 그것도 잠깐이지, 컴퓨터에 들어 있는 오래된 사진 파일들을 자주 들춰보게 되지는 않는다. 그래서 미라 씨는 여행을 다녀오면 바로 사진들을 골라 포토북을 주문한다. 역시 사진은 손에 잡히는 앨범 형태가 보기 편하다는 지론이다. 자리는 차지하겠지만 기기 없이 언제라도 꺼내 볼 수 있다는 점을 높이 산다.

여행에서 사진이 중요하다지만 정도가 지나치면 모자람만 못하다. 사진에 집착한 나머지 오직 사진을 찍기 위해 여행을 가는 것처럼 되어 버린다. 어딜 가면 카메라부터 들이댄다. 무조건 사진부터 찍어야 한다는 강박이 느껴진다. 아니 사진 먼저 찍는 게 문제는 아니다. 사진을 찍은 후에라도 찬찬히 둘러보고 충분히 느끼고 체험하는 시간을 갖는다면 다행이다. 그보다는 카메라 렌즈를 통해 여행의 장면들을 저장하는 것에만 열중한다. 그게 끝나면 할 일은 다 마쳤다는 듯 얼른 자리를 뜬다.

우리는 여행을 와서도 왜 이리 여유가 없는 걸까. 해치워야 하는 숙제처럼 빨리 사진 찍고 빨리 이동하고, 여행지에서의 하루는 바쁘기만 하다. 사진 찍기가 여행의 전부라고 생각하지 말고, 잠시 카메라를 내려놓고 여행 자체를 즐겨 보는 건 어떨까? 적어도 여행 중 몇 시간이라도 말이다. 차마 받아들이기 어려운 제안일지도 모르겠다. 그런데 막상 해보니 그리 못할 일도 아니었다.

체코여행 중 나는 한 가지 실험을 했다. 나 역시 카메라를 손에서 놓지 않는 여행자였다. 독일 드레스덴에서 머물다가 체코에 며칠 다녀오기로 했을 때, 문득 사진을 찍지 않으면 어떨까 하는 생각이 들었다. 3개월의 짧지 않은 여행을 하다 보니 어느 순간부터 사진 찍기가 의무처럼 느껴졌다. 사진을 찍지 않는 여행이라, 사진으로부터 해방된 여행은 어떤 느낌일까 궁금했다. 체코에서의 3일 동안 나는 카메라를 숙소에 빼놓고 다녔다. 아름답기로 소문난 프라하 구시가지와 동화마을 체스키 크룸로프에서 사진을 포기하는 건 어리석은 결정이었을까? 결론부터 말하자면, 이전과는 전혀 색다르고 멋진 경험이었다.

프라하의 바실리카 성당은 스테인드글라스가 무척 인상적이었다. 하나하나 문양과 색깔이 달랐고 특이하게 꽃무늬가 많았다. 나는 아주 오랫동안 그것들을 감상했다. 평소 나는 유적지나 건축물을 좋아하는 편은 아니었다. 그보다는 자연과 사람들에게 더 관심이 갔다. 신기하게도 카메라를 내려놓자 스테인드글라스가 그렇게 아름답게 다가오는 것이었다. 머릿속에 여러 가지 느낌과 생각이 떠올랐고 그것들을 천천히 수첩에 적어 내려갔다. 저 스테인드글라스 문양으로 옷을 만들어 입고 싶었다. 굉장히 독특하고 우아하면서도 화려할 것 같았다. 모두들 한번 휘 둘러보고 나가는 그곳에서 나는 오롯이 나만의 시간을 즐겼다.

성당에서뿐만 아니라 체코여행 내내 나는 더 천천히 더 깊게 순간순간을 느꼈다. 물론 단 한 장의 사진도 찍지 않은 건 아니었다. 휴대폰이 있었으니까. 하지만 당연하게 생각하던 사진 찍기를 내려놓으니 훨씬 여유로웠다. 보다 순수하게 여행에 집중할 수 있었다.

이후 나에겐 새로운 여행에 대한 아이디어가 생겼다. 바로 카메라를 가져가지 않는 여행이다. 아예 사진을 한 장도 찍지 않는 여행. 여행에서 완전히 사진을 포기하기는 쉽지 않은 일이지만 언젠가 꼭 한번 해보고 싶다. 모든 여행자에게 나와 같은 실험을 권하는 건 아니다. 여행에서 사진은 중요한 요소지만 너무 사진에만 목매지 않았으면 좋겠다. 사진을 찍더라도 충분히 여행 자체에 빠져보는 경험을 해보시길.

여행이 여행으로 끝나지 않는, 글쓰기

여행은 물건이 아닌 경험에 투자하는 일이다. 경험은 오래도록 기억되고 추억된다. 그러나 기억도 온전히 믿을 수는 없다. 여행에서 돌아온 지 1주일만 지나도 가물거리는 것이 우리의 기억이 아니던가. 기억이란 의외로 쉽게 휘발된다. 심지어 실제와는 다르게 재편집되기도 한다. 같은 경험을 한 두 사람의 기억이 서로 다른 경우를 흔히 만난다. 이렇게 달라지거나 사라지는 기억을 최대한 붙드는 방법은 기록이다. 결국 기록한 만큼만 기억으로 남는다.

기록을 위한 가장 익숙한 방법이 앞에서 이야기한 사진이다. 그런데 사진보다 더 효과적으로 기억을 간직하는 비법이 있다. 바로 글을 쓰는 것. 글로 기록을 해놓는 것이 더 생생하게 여행을 기억하게 해준다. 낯선 도시에서 느꼈던 설렘과 막막함도, 기대하지 않았던 친절에 마음 따뜻해지던 순간도, 멋모르고 당한 바가지에 속상하던 시간도 다시 떠오른다. 여행 강좌를 들었던 숙희 씨는 그동안 많은 여행을 했지만 그걸 하나도 글로 남겨 놓지 않은 게 가장 아쉽다고 한다.

자신만을 위해서라도, 글로 기록을 남기는 일은 의미가 있다. 글쓰기는 단지 펜과 종이만 있으면 될 뿐, 카메라 같은 비싼 도구가 필요치 않다. 알고 보면 글쓰기가 사진 찍기보다 쉽다. 그런데도 사람들은 글쓰기를 훨씬 어려워한다. 아무래도 글쓰기 자체에 대한 부담감이 큰 탓이다. 어릴 때부터 억지로 써서 검사 맡는 일기와 공개하여 평가받는 글쓰기에 시달려 왔으니 그럴 법도 하

가계부 쓰기를 수월하게 해주는 영수증

다. 하지만 내 글을 누군가에게 보여줄 목적이 아니라면 부담감을 가지지 않아도 된다.

글쓰기를 불편해 하는 사람들에게 권하는 가장 간단한 방법은 가계부를 쓰는 것이다. 가계부 정도라면 누구라도 만만하게 시도해 볼 만하다. 날짜별로 지출이 기록된 경로만 보아도 내가 어디에서 무엇을 했는지 금방 알 수 있다. 여행 경비를 어디에 얼마나 썼는지 확인하는 일은 자신의 여행 스타일을 파악하고 다음 여행을 계획하는 데도 큰 도움이 된다. 영수증을 잘 정리해 놓으면 가계부를 쉽게 쓸 수 있다.

그 다음으로는 메모를 하는 것이다. 이때 메모는 아주 간단하게 단어 몇 개를 적는 정도를 말한다. 맥락이 없어도 상관없다. 자신만 알아보면 된다. 목적지나 이동 시간, 먹었던 음식, 순간적인 느낌이나 생각, 만난 사람의 이름 등을 까먹기 전에 적어 놓는다. 주로 나는 여행 중간에 잠시 쉴 때나 버스나 전철에 앉아 있을 때 얼른 메모를 한다. "포터리 뮤지엄, 졸리다, 5시 40분, 일본 말 같다, 돼지마늘감자" 2016년 4월 21일 스페인 세비야에서 적어 놓은 메모 내용이다. 남들이 보면 암호 같겠지만 나는 어떤 상황인지 충분히 이해한다.

마지막으로 일기를 쓰는 것이다. 하루 일정을 마치고 숙소에 돌아왔을 때가 가장 일기쓰기에 알맞은 시간이다. 그 외에도 시간이 여유로우면 자리 잡고 앉아서 글을 쓴다. 식당에서 음식이 나오기를 기다릴 때(우리나라와 달리 꽤 오래 걸린다)나 카페에서 느긋하게 쉴 때도 괜찮고, 공항에서 환승을 기다릴 때도 긴 글을 쓸 여유가 있다. 아니면 여행을 마치고 집에서 차분히 써보는 것도 나쁘지 않다. 여행 중 단어 몇 개, 문장 몇 줄이라도 메모해 놓으면 돌아와서 글을 쓸 때 상당히 도움이 된다.

여행 당시에 기록을 할 때는 수첩이나 노트를 이용한다. 특히 크로스백에 쏙 들어가는 가볍고 작은 크기가 적절하다. 유럽여행 3개월 동안 나는 손바닥보다 작은 수첩에 가계부를 적고 메모를 하면서 다녔다. 수첩에 볼펜이 달려 있어 여행용으로는 그만이었다. 이제까지 사용해본 수첩 중 최고로 유용해서 강의를 듣는 수강생들에게 선물로 드리고 있다.

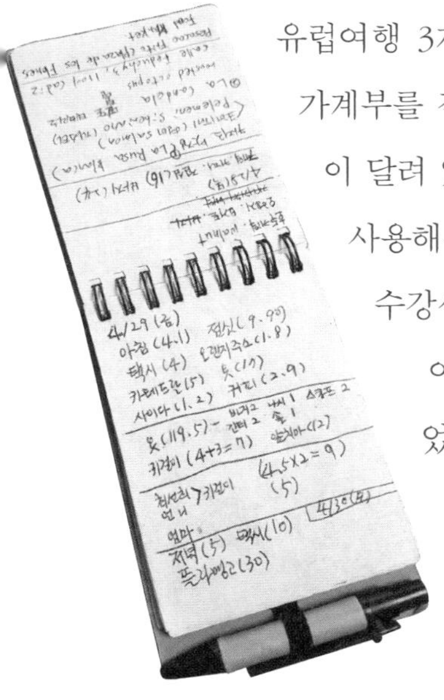

여행지에서 일기나 글을 쓸 때는 그날 있었던 일뿐만 아니라 무엇을 써도 상관없다. 스쳐 지나가는 두서없는 생각들, 이유 없는 감정들, 갑자기 떠오른 오래된 기억,

무엇이든 생각나는 대로 적는다. 그러면서 남은 여행을 어떻게 보낼지 생각을 정리한다.

여행 중 글을 쓰는 일은 내가 겪는 경험에 대해 다시 한 번 생각하게 한다. 경험이 그저 나를 지나쳐 가지 않게 만드는 것, 내가 겪은 일을 돌아보고 글을 쓰는 과정은 자신을 성찰하는 기회를 준다. 자신의 생각과 느낌이 무엇인지 스스로를 깊이 들여다보게 만든다. 내 마음속에서 울리는 목소리에 귀 기울이게 만든다. 글쓰기는 여행을 하면서 자신에게 스스로가 친구가 되게 하는 방법이다.

"행복은 기쁨의 강도가 아니라 빈도다."(서은국, 『행복의 기원』)

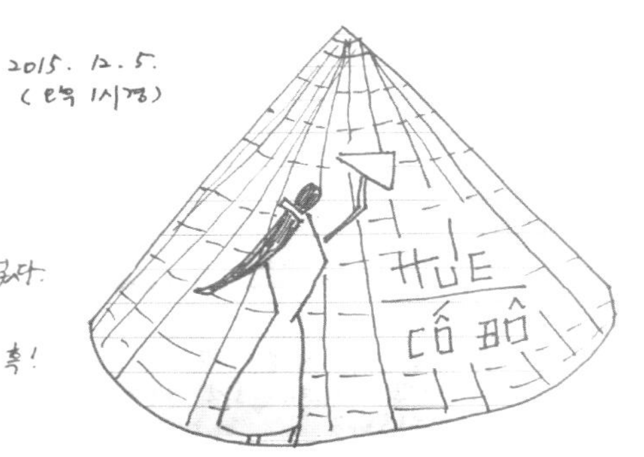

모든 쾌락은 곧 사라지기 때문에 한 번의 커다란 기쁨보다 작은 기쁨을 여러 번 느끼는 것이 행복의 비결이라는 것이다. 앞서 여행은 모두 세 단계로 이루어진다고 했다. 준비과정이 1단계, 실제 여행이 2단계, 여행을 추억하는 것이 3단계. 이런 식으로 여행을 충분히 누린다면 여행자는 한 번의 여행으로 모두 세 번의 여행을 경험하는 셈이다. 즉 행복의 빈도가 늘어난다.

여행을 추억하는 방법 중 가장 강력한 도구는 글쓰기다. 여행에서 돌아와 내가 쓴 글들을 읽어 보면 다시 한 번 여행을 체험하는 느낌이 든다. 글로 남긴 여행은 쉽게 잊히지 않는다. 글쓰기는 행복의 빈도와 더불어 행복의 유효기간까지 늘려 준다. 그것은 여행이 여행으로 끝나지 않고 일상이 더 행복해지도록 도와준다. 다음에는 당신의 여행을 알토란처럼 꽉꽉 채워줄 글쓰기를 한 번 시도해 보시길. 모든 시도에는 배움이 남을 뿐 실패는 없으니.

에필로그

그럼에도 불구하고, 여행

"여행에 정답은 없다."

이 책 속에 여러 번 나오는 말이다. '인생에 정답은 없다'라는 말과 비슷하다. 그러고 보면 여행과 인생은 여러모로 닮았다. '절대 계획대로 되지 않는다, 장소보다 사람이 중요하다, 출발점으로 되돌아온다, 플랜 B가 필요해진다, 최선이 안 되면 차선을 선택한다, 자신만의 방식을 찾아야 한다.……'

여행 준비법과 여행의 기술에 대해 긴 이야기를 했지만, 가장 중요한 것은 결국 '나만의 여행법'을 발견하는 일이다. '나만의 여행법'은 '나만의 스토리'로 채워지는 여행을 만들어낸다. 첫 여행은 실수투성이일지도 모른다. 너무 걱정하지 마시라. 누구에게나 처음은 있으니까. 중년이라는 적지 않은 나이에 막 초보여행자가 된 당신이 첫 걸음을 내딛기가 어설프겠지만, 중년이라는 많지 않은 나이에 곧 능숙한 여행자가 될 날도 머지않았다. 시작이 반이다. 일단 한두 번만 해보면 다음은 훨씬 쉬워진다. 경험에 시간이 더해져 당신만의 스타일을 찾아내고 확장해 나가길 응원한다. 지금까지 인생의 절반을 잘 헤치고 왔듯 여행 역시 그럴 수 있다고 믿는다. 단 어깨 힘 빼고 웃으면서.

"여행은 상품이 아니라 관계다."

여행을 여유 있는 자들이 누리는 사치라고 생각하는 사람들이 많다. 여행을 오직 상품으로만 바라보면서 소비한다면 그럴 수도 있다. 하지만 스스로 익숙한 일상을 벗어나 낯선 세상과 더불어 자기 자신을 만난다면 여행은 관계가 된다. 이런 여행은 다른 조건들보다 마음이 우선한다.

흔히 여행의 조건으로 돈, 시간, 체력을 꼽는다. 이 삼박자가 맞아야 여행을 할 수 있다고 말한다. 그중 하나라도 없으면 여행을 못가는 이유가 된다. 그러나 가고 싶다는 소망, 갈 수 있다는 용기, 꼭 가겠다는 의지, 지금이 아니면 안 된다는 절실함, 당신이 이 중 하나라도 가지고 있다면 이미 족하다. 그것이 돈도 시간도 체력도 만들어내므로. 드디어 모든 조건이 완벽해졌을 때는 우리가 무덤으로 들어간 뒤일지도 모른다. 완벽을 기다리다가는 평생 아무것도 못할지도 모른다. 세상과 만나고 자신과 만나는 관계로서의 여행은 완벽을 추구하지 않아도 괜찮다.

충분해서 '그렇기 때문'이 아니라,

부족하지만 '그럼에도 불구하고' 떠나는 것,

그것이 여행이니까.

소율

스물아홉, 여행이란 단어를 가슴에 품었으나 정작 여행을 시작한 건 마흔이었다. 늦둥이 여행자답게 느린 여행, 오래 머무는 여행을 좋아한다. 여행지에서 우연히 마주치는 사람들과 미소를 나눌 때, 몰랐던 나에 대해서, 세상에 대해서 배울 때마다 기쁨을 느낀다. 마흔일곱에 첫 여행기를 썼고 마흔아홉에 중년을 위한 여행강좌를 시작했다. 이제 쉰하나, 여전히 시도하는 인생을 꿈꾼다. 여행을 망설이는 모든 이들이 아직 늦지 않았음을 깨닫고 꽃피는 여행 시절을 누리길 바란다.
지은 책으로 열여섯 살 아들과 함께한 세계여행 이야기를 담은 『고등학교 대신 지구별 여행』이 있다.

블로그: 소율처럼 바람여행 tontone.blog.me
페이스북: 소율 facebook.com/soyuly

중년에 떠나는 첫 번째 배낭여행

초판 1쇄 인쇄 2018년 3월 2일 | **초판 1쇄 발행** 2018년 3월 8일
글·사진 소율 | **펴낸이** 김시열
펴낸곳 도서출판 자유문고
(02832) 서울시 성북구 동소문로 67-1 성심빌딩 3층
전화 (02) 2637-8988 | **팩스** (02) 2676-9759
ISBN 978-89-7030-120-4 03980 값 14,800원
http://cafe.daum.net/jayumungo (도서출판 자유문고)